神奇的催眠术

即学即用

徐润根◎著

国家一级出版社　中国纺织出版社　全国百佳图书出版单位

内 容 提 要

催眠术并非远离生活，诸如吸烟成瘾、压力太大、睡眠质量不高、人际关系紧张、容易焦虑不安……种种生活问题，都可以用催眠术来帮助解决。催眠术并不像你想象的那样神秘，只要掌握技法，你也能学会催眠。作为专业的催眠治疗师，作者通过各种心理分析及催眠案例，全面而详尽地解读催眠，帮助你了解催眠术，用最短的时间掌握催眠技巧，学会怎样帮别人催眠，还能学会如何自我催眠，改善整体身心状态，并充分开发潜能，提升幸福感。

图书在版编目（CIP）数据

神奇的催眠术即学即用／徐润根著.—北京：中国纺织出版社，2017.8 （2018.8重印）

ISBN 978-7-5180-3673-8

Ⅰ.①神… Ⅱ.①徐… Ⅲ.①催眠术—基本知识 Ⅳ.①B841.4

中国版本图书馆CIP数据核字（2017）第123627号

策划编辑：郝珊珊　　　　责任印制：储志伟

中国纺织出版社出版发行

地址：北京市朝阳区百子湾东里A407号楼　邮政编码：100124

销售电话：010—67004422　传真：010—87155801

http：//www.c-textilep.com

E-mail：faxing@c-textilep.com

中国纺织出版社天猫旗舰店

官方微博http://weibo.com/2119887771

三河市延风印装有限公司印刷　各地新华书店经销

2017年8月第1版　2018年8月第4次印刷

开本：880×1230　1/32　印张：8.5

字数：128千字　定价：38.00元

前　言

从来到人间起，伤害就伴随着人的一生，圣人也不例外，再小心谨慎亦在所难免，也许一句无心之言，朋友就变成仇人。回忆过去，总能在某个记忆角落，发现一些难以忘怀的伤痕，也就是心理阴影；换个方向，又会在某处发现一些让人愧疚的记忆，即便当时是无意，还是给他人造成了伤害。

有人的地方就有伤害。伤害既然无可避免，何不积极一点，面对它，转化它，让曾经的伤痛变成幸福的垫脚石？回忆过去，细细领悟一番，自己的每次成长、每次进步、每次蜕变，哪次不是由伤痛开始的？就是儿时学习行走，也是从多次摔倒开始的。

虽然如此，学会坦然地面对伤害也不是一句话、一句口号或一个意念这么简单，在现实生活中，伤害还是会给人们带来大量的困扰。

作为一名心理工作者，看到这一切倍感痛心，希望倾己所学帮助大家走出痛苦的泥潭，将伤害转化为动力，这也是我写作本书的初衷与目的。

催眠术首次应用于心理治疗，距今已有三百多年了。近一百多年来，因艾瑞克森等伟大催眠师的贡献，催眠术取得飞跃发展，其简单、快速的效果，使它在欧美等国家备受人们的认可与推崇，催眠术广泛应用于各领域，如医学麻醉、婚恋、教育、运动、职场、警务与演艺等。

因文化观念、发展历史等原因，在我国，大部分人对催眠术存在认识偏差，从而对催眠术产生无意识的拒绝、敬畏与神秘感。本书将通过生活中的诸多例子，一步步为读者揭开催眠术的神秘面纱，届时你将会真正认识到，催眠术其实很简单，催眠现象在生活中也随处可见。

本书内容由浅入深，配合大量深入浅出的临床案例，来诠释催眠术的各个知识点与催眠手法，让读者可以联系自己的生活阅历，领悟将伤害转化为建设未来生活动力的奥秘，理解为何有些人经历磨难后能变得更强、更有智慧，有些人则稍遇挫折就经受不住打击，从此一蹶不振。本书不但能帮助读者化解过去的伤害，还能激发读者自身内在的巨大潜能，使读者实现更美好的生活愿望。书中介绍的催眠手法，可以灵活地运用于感情婚姻、孩子教育、人际关系等方面。

前　言

再好的方法，若是缺乏实用性，那也不能称之为好方法。作者在编写本书时，考虑到本书读者可能有相当部分均非心理工作者，所以更多地推崇艾瑞克森的故事催眠法，让读者操作起来更容易上手。建议读者平时多练习讲故事，当你将故事讲得惟妙惟肖，轻松拆解、合并故事时，再将各催眠要点融入故事，你的催眠将如虎添翼。不管是纠正孩子的不良习惯，还是感情中遇到难以调和的矛盾，你都将能轻松应对，合适的机缘加一个合适的故事，种种难题都将迎刃而解。

徐润根

2017年3月17日

目录

CONTENTS

Chapter1

你的生活离不开催眠

Chapter2

全面认识催眠术

Chapter3

学习催眠就是这么简单

Chapter4
催眠与心理治疗

Chapter5
催眠的基本技能与训练

Chapter1

你的生活离不开催眠

性格可以在瞬间变得外向

中国有句俗话，“江山易改，禀性难移”，以此形容性格和心理的稳定性。

正因为人的性格和心理具有高度的稳定性，一个人才不至于像墙头草，风吹两边倒。否则，要是一个人上午外向勇敢，下午就变得内向胆小，第二天又变一个样，可想而知，这世界将会是怎样的糟糕。

然而，性格的稳定性也给不少人带来了烦恼，比如一些人生来就是消极悲观的性格，想有所改变，可就是百般无奈，家人、父母、朋友等均对其进行批评、指责，自已也发誓必改，可最终仍然无效，固有性格就好像板上钉钉一般，丝毫不动。

性格真的不可更改吗？生就不好的性格，就要一直深受其折磨吗？

告诉你一个秘密——**如果合理地运用催眠术，性格可以在瞬间发生改变。**

▼

一天，一个26岁左右的小伙子找到我，他告诉我因为自己性格内向，几乎没有什么朋友，只能待在家里看看书、打打游戏，或帮家里做点家务等。如今都26岁了，他从未交过女朋友，家里也介绍过一些女孩给自己认识，可总是过不了一个星期，就再也没有音信，原因是女孩们认为他的性格太内向，难以沟通。为此，他感到非常烦恼。

通过进一步的沟通，我了解到，他的父母性格都还算开朗，而教养方式虽然不利于培养孩子的主动性，却也不至于让他的性格变得如此内向，这让我隐约感觉根源可能在他3岁前的某段经历，假如真是这样，那按常规催眠，花费的时间将会是比较长的。

同时，我了解到这个小伙子非常喜欢玩具，即使是很复杂的玩具，他也会很快就玩得游刃有余。直觉告诉我，这是一次验证新方法的绝佳机会，我决定做一下尝试。

我说："你说你玩玩具很在行，能教教我吗？比如这六面的魔方要怎么玩？"

他说："好啊！在玩魔方前，你先要在心里做一个一样的魔方，这样你就可以……就这么简单，更复杂的魔方，道理也是一样的。"[可以明显看到，在谈到玩具时，他开始变得放松而投入，并且开始自信起来，话也多了起来。显然，这是一个不错的话题，吸引了对方的注意力。]

我说："这些玩具你都玩得不错，但我还知道有一种玩具，世上没几个人能玩得好，不知你这个玩具大王对它会不会也是束手无策。"[紧紧抓住对方的注意力，并激起他的兴趣。]

他说："什么玩具啊？我会束手无策？试过了才知道。"

我说："算了吧！这个玩具太复杂，比你的魔方要难千百倍，你玩不了的！"

他说："你太小瞧我了，还有我玩不了的玩具？快拿来看看，我非好好玩给你看看。"

我说："你要玩也可以，不过我们事先要打个赌，要是你玩不起来，那就向我道歉，承认自己不会玩玩具；要是你玩起来了，我公开向你道歉，怎么样？"

他说："好，一言为定！"

我说："好，你现在闭上眼睛想想看，这是这样一个玩具，它可以非常巨大，也可以非常小，有许多不同的部分，且每一部分都是变化的，它会自动变化，也会根据你的行为而变化。有时它会像镜子一样，你对它笑，它也会对你笑，你对它哭，它也会对你哭；而有时，你对它笑，它又不一定会对你笑……其中的微妙之处，只有你用心才能体会到……"[间接地把世界描述成一个巨大而微妙的玩具，而在收到对方进入中度催眠状态的信号后，则渐渐展开，以在对方心中将世界和玩具等同起来，世界只不过是一个巨大的玩具而已。]

从催眠中醒来后，他已不再低着头，而是一边轻轻地点点头，一边发出一声声感叹：“啊……这果然是非常精妙的玩具。”此时，我已知道他确实产生了某些变化。

▲

一个月后，他给我来电话，告诉我他自己似乎变开朗了，但他好像并没太在意这些，他说：“你能做到吗？遇到陌生人，只要看一眼，我就知道这个人的大概性格和状态，可以很快和他或她打开话题，并显得很得意和享受这种乐趣的样子，就像玩玩具有了突破的感觉。”

为什么谈玩具能让他的性格变得开朗外向了呢？我们有必要先从了解一些简单的心理知识开始，揭开其中的奥秘。

想想看，假如将你送入一个完全陌生的世界，那里的语言、事物、同类等都完全不同，所有的一切都是你从来没有见过的，也没有听说过的。在你降临到这个新世界，面对未知的一切时，你会怎样开始自己的生活呢？

你会先用手、眼、耳、舌、鼻等所有感官，去感知这个全新的世界，确定什么是安全的、什么是不安全的，什么是友好的、什么是不友好的等，就像初生的婴儿一样，逐步认识这个世界。每认识一种新事物，你同时会在心里把它原样记录下来，久而久之，在你的心里就有了一幅地图，这幅地图记录的是，对你而言的世界的样子。随着你认识的事物越来越多，这幅地图变得更加丰富，同时也在不断被你修正，我们称之为**心灵地图**。

当你尝试和同类接触时，假如对方多次对你大声说话，你听不懂，而对方的样子看起来挺凶、不友好、有威胁，于是你学会画出一个安全圈，把此种同类放在安全圈外，而把信任的、友好的同类放在安全圈内。你会尽量减少和回避与安全圈外的同类接触，而更愿意和安全圈内的同类交往。这个安全圈一旦形成，就会受到意识的保护，变得稳定，不会轻易改变，大部分人都会终身受其影响。比如一个人的安全圈里只有家人和亲戚，认为“他人都是有威胁的”，那他就不会、不愿、不敢和他人接触，更不会有良好的人际关系，那他的人生会是怎样的，也就可预知了，就像“三岁看大，七岁看老”这句话描述的一样。

有趣的是，观察发现，一个生长在长沙的人，当他生活在长沙时，对周围的人会有陌生感；而当他来到深圳后，再见到长沙人时，陌生感会自然消失，变得亲切，能自如交流了；当他来到美国后，见到中国人，不管此人来自中国哪里，都会倍感亲切，能自如交流。**这说明安全圈不是绝对的，甚至是可以相互转换的。**

上例中，不知这个26岁的小伙子在婴幼儿期有过什么样的经历，让他把安全圈画得很小，把大部分人、事、物都放在安全圈外，这让他不敢走出去接触外面的世界。然而，我发现他有一个大大的玩具世界安全圈，于是通过催眠，尝试将它们进行合并，果不其然，人际沟通成了他玩具世界的一部分，他的性格很快变得外向开朗了。

这个案例让我对“游戏人生”“人生如戏”等有了进一步的认识，对上例中的青年而言，大概就是“玩具人生”了。

只要针对不同性格问题的需要，合理运用催眠，性格就可以有所改变。

排斥就是丢弃灵活，自我设限，陷入僵化

要解开一捆打结的绳索，就要理清思路，知道结是怎么打的，打的是什么结，要不然，就有可能当你打开一个结的同时，发现又套在另一个结里，结果越弄越乱。同样，要解除心理问题也是一样的，得明白心理问题形成和运作的一些基本原理，否则，不管你引导进入催眠的技术有多高超，也只能干着急。

本节将为大家介绍一些简单心理问题的原理模型。

我们中国人都会使用筷子，而且一旦学会了使用筷子，不管你到了北京、上海、广州，还是到了国外，仍然能熟练使用筷子；即使你1年、5年、10年不使用筷子，也许没那么熟练，可你仍然会使用；并且在你学会使用筷子夹青菜后，不用再专门去学习夹鸡肉、豆腐等，能触类旁通。还有重要的一点，和刚开始学习时不一样，在你熟练使用它后，就会由你的潜意识来控制它，变成自动化，不再占用你的注意

力，所以你可以一边使用它夹菜吃饭，一边看电视、聊天或思考等。

使用筷子就是一个简单的心理模型。我们也需要这样的心理模型，要不然，每天起床后，都得重新学习走路，重新学习说话，重新学习使用筷子等，那我们什么都做不了；而有了这一个个的心理模型，我们就可以不断地进步，学习更多的技能，做更多的事。同时，**心理模型由潜意识控制，自动进行，它替代意识处理大量重复和类似的工作，节省了大量的注意力，这样我们才能同时做好几件事情，专心地做自己的事情，可见心理模型对我们的重要性。**

假如一个游泳运动员选择跳河这种方式来自杀，那他是难以成功的。因为在一个心理模型形成后，为了防止遭到恶意的破坏和修改，在它外面会自动形成一层坚硬的保护壳，就好像把一块豆腐装进了铁盒子，要想切碎这块豆腐，那就必须先拆除铁盒子。所以不论他自己多么希望、多么努力地试图忘掉游泳的技能，也是不会成功的。**心理模型具有高度的稳定性。**

我们的心理就是由类似的一个个的心理模型组成的，并且随着成长，心理模型不断地得到丰富和修正。平常我们不会去关注它们，所以察觉不到它们的存在，它们就像一部部先进的智能化处理机器在自动运行，默默地帮助我们处理各种各样的问题。

假如心理模型出现问题，不再灵活了，那会怎么样呢？比如一个人使用筷子夹东西的力度，不再根据夹的东西而调整，不管夹的是青菜、豆腐、玻璃球，还是铁块，均使用夹排骨的力度去夹，这是刻舟求剑，肯定是会出问题的。

看看下面这位来访者的苦恼。

▼

曾有位这样的来访者，他告诉我自己的苦恼是：他对事物变化的反应特别敏感，家人、同事都说他神经错乱了。晚上睡觉的时候，周围只要有一丁点的动静，他就会猛然醒来，比如女朋友晚上起床上洗手间，只要有一丁点的响动，他就会突然坐起来，大声喊“你想干什么”；再比如上班的时候，假如有同事从他身边走过，不小心触碰到他，他就会猛然回头，大声喊“你想干什么”。这说大不大、说小不小的问题，让他的人际关系变得非常紧张，和女朋友的关系也弄得很不愉快，他也知道不好，也想改，可事情总是不自觉地就发生了。

通过和他沟通了解到，去年刚毕业那会儿，满怀梦想的他来到这个城市找工作，到了新的城市，感觉一切都那么新鲜，一边走一边看。这种毫无社会经验的学生是小偷最好的猎物，果不其然，很快他就被小偷盯上了。他走到一个路口的拐弯处时，发现在前面走的人口袋里掉出了100元钱，他想也没想，走上去捡起地上的钱，叫住前面的人，把钱还给了那个人，那人对他表示万分感谢，还说在如今的社会，像他这样能拾金不昧的人已经很少了。受到这种赞美，他心里非常高兴，然而，没过一分钟，他就再也高兴不起来了，放在背包里的钱包、身份证和手机都被偷了。

就这样，他饿着肚子在大街上逛了一夜，后来百般周折，才回到家。为了保护自己不再受伤害，从此，他变得异常警惕，不再信任其他人，渐渐地就变成上面说的那样了。

▲

我们总是会在经历中学习，正常情况下，像上面这个男孩，在经历这件事情后，为了防止同样的事情再次发生，会形成一个新的心理模型。这个模型会让他在外出时提高警惕，坐公交、逛街时不自觉地把包拉到胸前等，而当回到安全的环境，比如家里、公司等时，又会相应地自动放下警惕，以免影响人际关系，这种警惕会随着环境的变化而自动地灵活调整。

然而，很显然，上例中的男孩，他的这个心理模型已经失去了灵活性，变得僵化，不再对具体环境、环境需要等敏感，仅对是否受到触碰等几个参数敏感，并且注意力都局限或集中在这仅有的几个参数上。这种心理模型就像一部失灵了却没有切断电源的机器，在无休止地运行着，连续地生产出不符合要求的产品。就像上例一样，不管人际关系如何恶化，也不管他自己多么不愿意，只要受到触碰，他就会自动地做出相同的反应。

因为男孩的这个心理问题比较单纯，在导入催眠状态后，分离情绪，进行重新学习，或用NLP（神经语言程序学）的改变经验元素法均可较快地解决问题。

失去灵活性的心理模型，就是一种常见的心理问题模型，像洁癖、多种恐惧症等大部分心理问题，均可简单地用失去灵活性的心理模型来解释。

心理模型除了会失去灵活性外，还会过时，大部分过时的心理模型会被搁置起来，不然也会产生一些心理冲突和矛盾。

比如一个出身很苦的人，在他小时候就养成了非常节省的习惯，这种节省也是他一直引以为豪的美德。在经过多年的努力奋斗，赚取了巨额的财富后，他陷入了内心的矛盾和冲突之中，每餐面对几百块钱的饭菜，他感觉无从下筷，似乎每一片肉都是一句责备。

了解了这些，在面对强迫洗手的求助者时，你就不会试图去劝说他没必要那样，或说服他停止洗手；在你引导对方进入催眠后，也不会不知所措，不知要做些什么了。不管你是希望学习催眠术用来帮助自己，还是帮助他人，你都会变得更轻松、更有效。

别再偷偷把你的智慧藏起来

不知大家有没有看过《哈儿传奇》，里面有一个非常经典的片段是这样的。

▼

哈儿为抗日筹款开办了银行，大财团的女儿洪二小姐运用手段散布负面消息并以此相逼，想收购他的银行。

一天，俩人相聚赌场，决定赌扑克，赌注是输家答应赢家一个要求。洪二小姐要求，假如她赢了，哈儿就要答应她收购的要求，而哈儿称暂时还没想好提什么要求，但所有人都认为假如他赢了，一定会要洪二小姐收回收购计划，因为这是千载难逢的机会。

就这样开始了，经过一番较量，很快到了定输赢的最后一把，只见洪二小姐自信地翻起自己的牌，点数很大，此时一片安静，所有人都等着哈儿亮底牌。然而哈儿并没有亮自己的底牌，而是认输了。

这时，站在哈儿背后的助手急了，因为他刚刚已经看到底牌，不是输了，而是赢了，于是，他急忙走过去，翻起底牌。所有人都愣住了，因为牌面确实比洪二小姐大，可为什么哈儿要认输呢？

洪二小姐更是愕然，问哈儿："你为什么要认输？想讨好我？我最讨厌别人讨好我！"

哈儿答："你误会了，其实这赌局，从一开始我就是输家，论财力我永远也比不过你。"

洪二小姐心里很高兴，说："我欣赏你的胸怀，但我不喜欢欠别人的情，所以，还是请你提你的要求吧！"

此时，似乎事情已成定局，哈儿肯定会抓住机会，要求洪二小姐收回收购计划。

然而，谁都没想到，哈儿说："我的要求就是，想请洪二小姐赏个脸，一起吃顿饭。"

就这样，后来，洪二小姐不但收回了收购计划，二人还成了挚交，哈儿处处得到洪二小姐的帮助。

▲

在有些人看来，哈儿主动认输，不懂得乘胜追击，不是个聪明人，但他是大智若愚，是个有大智慧的人。不然，哈儿就只是赢了场扑克，而树立了一个强大的对手，他就不可能和洪二小姐成为好朋友，更不可能得到她的帮助，最终输的还是自己。

要成就一番事业，不单需要聪明，更需要智慧。如果一个人光有聪明，而缺少智慧，就往往会聪明反被聪明误，常做杀鸡取卵、拔苗助长的事，而不得要领；如果一个人不仅有聪明，还拥有智慧，则往往会事半功倍，尤其是处理人际关系时，缺少智慧是不行的。

每个人都拥有足够的能力和智慧让自己过上幸福美满的生活，然而，**让人遗憾的是，许多人的智慧都和当下的自己相分离，无法服务于自己的人生，空拥有满怀的智慧**。用不太恰当的话说，就好比一个人全身上下都揣满金子却视而不见，反而向别人讨要面包吃。

为什么会这样？是谁把你的智慧藏起来了呢？

还记得前面谈到的“失去灵活性的心理模型”吗？你知道为什么心理模型会失去灵活性吗？你知道是什么让心理模型失去灵活性的吗？

研究发现，当一个人陷入失去灵活性的心理模型时，都有这样一些特点，他会极力试图控制或否定自我及他人的体验。比如“我一定要拥有（一定不要，……”“这不是我”等，且内在态度倾向于较为强烈、不稳定及强硬。就如上节那个敏感的男孩，内在“我一定要做好防范，绝不能再被偷”的态度让他把所有注意力都集中在身体受触碰这一点上，而让这个心理模型独立出来，从而与其他心理模型及内在智慧产生分离。就像你去餐厅吃饭，你说“我只要吃豆腐”，那就意味着把其他美食都排除在外了，而且这种要求越强烈，越无法看到其他美食，不是吗？

在生活中又何尝不是这样，有多少次和他人争得面红耳赤，毫不退让，只因要坚持“我是对的”；有多少次教育孩子时大声训斥，即使没有效果，也决不平等对话，只因“父母就应该在子女面前有威信”；有多少次招聘员工时，尽管非常欣赏他的才华，却将其拒之门外，只因“按公司规定，他的学历太低”。瞧瞧，一定要坚持错或对，一定要坚持好或不好，只有坚持，没有妥协，只有黑白，没有灰色，正是事事一定要划出明确的界线，才让你和智慧无缘，让“有舍才有得”仅成为自认为很有道理，却仅适合挂在嘴边的话而已，只因你坚持一定要“得”。

水总要往低处流，树叶总要往地上落，**尊重现实，接纳事实，保持平静的心态，才能充分运用自身的智慧，建设幸福美满的生活。**

谈了这么多，看看假如遇到下面的来访者，是不是可以轻松地运用催眠术帮助他了呢？

▼

有个女孩，有一天回到家，进门发现家里被盗了，因为早上出门时忘了锁门，盗贼就像回自己家一样进来，辛辛苦苦攒了近一年的5万元钱不翼而飞。她感到非常气愤，也非常委屈。

从此，每次出门时，她都会非常小心，仔细检查门是否锁好，有时走到楼下了，心里又感觉不踏实，担心门是否忘锁了，越想越不确定，又要急急忙忙上楼检查一遍才放心；每晚睡觉之前，也要检查好几遍门，确定反锁好了，才能放心睡觉。

就这样，慢慢地，她发现自己检查门的次数越来越多，甚至有时到了公司，一想到家门可能没锁好，也要请假回家看看才放心。这已经严重影响到她的工作和生活了，她很是苦恼。

▲

俗话说：光学不练假把式，光练不学傻把式，又学又练真把式。下面你就当这个案例是单纯性的，好好分析琢磨一下，当你引导她进入催眠状态后，你将如何帮助她恢复正常的生活。

在后面的章节中，会就这个案例进行讲述，还会告诉读者：除了常规催眠治疗方法外，如何用艾瑞克森独有的技术，巧妙地、快速地解决此类问题。

要成功，就别再内斗

枯燥的理论容易让人睡着，生动的例子总能更简单地说明问题，让人在体会他人故事的同时，又能轻松地学习。

下面就让我们来看一个高考落榜生的苦楚。

▼

在高中时，小陈曾有个理想，将来要做一名出色的演员，出演国际一流的电影。为了实现这个理想，他努力学习表演才艺和文化知识，准备报考中央戏剧学院。他确实有一定的表演天赋，才艺深受指导老师的欣赏，大家都对他很有信心，他也对自己很有信心。

在才艺考试的前一天，为了让自己有个轻松的状态面对第二天的考试，他决定到附近公园去好好玩一玩，放松放松心情。因为不懂保健知识，在游乐场玩得满身大汗后，没用毛巾擦干身上的汗水，他就急着去吹风扇。当时确实很爽，可刚回到家，就感觉不对劲，他着凉感冒了，晚上还发起烧来，尽管打了针，也吃了药，效果却不理想，大脑有点混沌不清。

以头脑混沌的状态参加才艺考试，结果，他落榜了。

为此，他感到痛苦万分，不断自责，不断问自己：“为什么那天不待在家里？”“为什么要急于去吹风扇？”“为什么偏偏要去游乐场？”他像变了个人似的。

最终他还是选择了复读，准备来年再考。

然而，以这种状态参加复读，他没有半点优势，上课时常常发呆、走神，一学期下来，各科成绩不但没有提高，反而下降了。这让他心里非常着急、焦虑，并开始失眠，担心第二次落榜，假如再落榜，自己将无路可走，越这样想，心里就越着急，严重时甚至出现呼吸困难、窒息感。就这样，他硬撑着，坚持到高考。

又到了才艺考试的前一天，他吸取了上次的教训，老实地待在家里。然而这并没有让他安心，他陷入了极度的焦虑和恐慌中，头脑里一次次地出现名落孙山的画面，挥之不去。到了傍晚，他发现自己竟然再次感冒，晚上也再次发烧起来。这就等于宣布他再次落榜，他痛苦万分，彻夜难眠。

第二天，他拖着疲惫不堪的身体，焦虑万分地去参加才艺考试，结果可想而知，别说中央戏剧学院，连普通的艺校都没考上，他再次名落孙山。

面对这样的结果，他几乎要崩溃了，他接受不了这样的事实，开始全盘否定自己，开始更严厉地指责、批评、埋怨自己，把能想到的最狠的训斥话都用在了自己身上。他学会了抽烟、酗酒，不管家人怎么劝诫，都没有用。

他没有再复读，也没有去工作，做什么事都觉得没劲，就这样整日游荡，用他自己的话来说，“我就是一堆烂泥”。

在沟通中他还告诉我，从第一次高考失利开始，就感觉心里好像有两个人在打架，而且打得很激烈，心里还时常好像有个声音在说：“你不行的，一定还会落榜的！”

▲

从第一次高考失利开始，小陈就不愿面对现实，接纳自己的失利，把所有的责任都归咎于自身，在内心不断地跟自己斗争，把自己斗得遍体鳞伤。他几乎将所有的精力都用在了内耗中，自然就没有精力用在学习和复习上，这让情况变得更加糟糕，也由此引发了更多的问题，直至彻底打倒自己。

多年的临床经验和研究显示，生活中，许多人在不同程度上都有内斗的经验，甚至有些人可以允许他人犯错，对自己的一点小过失则抓住不放，非要痛批一顿才肯收手。

这种内斗不但无益，而且是有害的，它会消耗一个人的精力，导致做其他事情的精力减少。内斗得越厉害，身心疲惫感就越强烈，严

重的还会产生分裂感，就像心里有两股力量往不同的方向撕扯自己一样，非常痛苦。

那么何为内斗？为什么说内斗无益？内斗又是怎样消耗精力的呢？

人的心理可以简单地比喻成有两个人赶同一辆马车，一个名叫外在自己，另一个名叫内在自己。名叫外在自己的人，他主要负责决定去哪里、计算哪条路更近、合计盘缠的使用以及观察前方路况等。他擅长的工作是线性关系的逻辑分析、计算等，比如A=B，B=C，所以A=C，这就是线性关系计算，通常称这种能力为聪明的。

名叫内在自己的人，他主要负责赶车、马匹粮草照料、车辆保养以及向外在自己提出建议等。他擅长的工作更多的是经验性、类比性的等，通常称这种能力为智慧的。

从他们的分工来看，马车要顺利到达目的地，两个人都是不可缺少的，他们要相互配合、相互协调，共同完成一项工作，所以配合、协调得越好，马车就走得越顺利。

配合协调工作，就难免会出现意见分歧，最常见的有：因为这个世界并不总是线性关系，所以外在自己常会聪明反被聪明误，犯目光短浅的错误，此时，就需要内在自己用智慧进行矫正。比如：A和B是朋友，B和C也是朋友，外在自己就会认为A和C也是朋友，此时就需要内在自己来矫正。再比如：外在自己能从苹果里找出所有的种子，而内在自己同时还能透过种子看到一片苹果园。

我们可以看到，生活中过于强调理性的人，往往更容易做杀鸡取卵的事，或是大费周折才能勉强做好的事，却弄不明白为何他人能轻而易举地完成，这就是过分相信和依赖聪明，而埋没了智慧的结果。

内斗就是这两个赶马车的打起来了，通常是这样开始的，比如马车在行驶的过程中，不小心陷进了泥潭里，本来他们可以合作把马车拉出泥潭，可外在自己没有这样做，而是坐在马车上破口大骂，指责赶车的内在自己："你怎么这么笨呢！把马车赶进泥潭里……"想想看，假如你是赶车的内在自己，你会怎么样呢？肯定会反击对方，不是吗？于是，两个人就打起来了。

这就是内斗的形象比喻模型。

要消除自我的内斗，让自己重新实现身心统一，就要从自我接纳、自我理解、自我尊重、自我信任和自我支持开始，一步一步修复和自己的关系。如果情况不太严重，可以学习这方面的知识，或请心理咨询师指导，而比较严重的情况，则最好在催眠状态下进行，那将会更有效。

修复了和自己的关系，身心实现了统一，才能充分调动自己的精力、智慧等，来建设你想要的美好未来。

解除暗示的心理作用

许多人都有这样的经验，心中出现一些不喜欢或不想要的想法、念头、画面、感觉等，越回避或控制不要想它们，它们就越出现，挥之不去。比如失恋者想忘掉对方，心里却偏偏更加忘不掉，甚至越来越深刻；再比如让一些没经验的人登台演讲，还没上台，脑子里就止不住地出现一些画面，因为自己讲得不好而出丑等，越控制不要想这些，画面和想法就越多，让人无法专心于演讲。

下面我们来看一个案例——车祸后的烦恼。

▼

几年前，周先生和家人自驾车回家乡探亲，习惯了在城市走大马路的他，对家乡双车道的路感觉不太适应，总感觉太窄了，这让他格外小心，心里有些紧张。然而现实往往是这样，越是小心，心里就越紧张，遇到突发情况就手忙脚乱起来，反而更容易出问题。

果不其然，就在快到家的笔直的路上出问题了。还有几公里就到家了，仿佛能闻到妈妈做的蒸鸡蛋的味道，他心里期待着，突然，路边上的一头小水牛猛然回头，这让他措手不及，无意识地往右闪躲，正面撞在水牛身上。

虽然这是一次意外，却让他非常恐惧、焦虑，脑海里常常出现撞车的画面。一次他心里偶然出现一些想法：如果上次撞的不是牛，而是人，那会怎样？下次会不会撞上人呢？要是撞上人了，会不会坐牢？那样自己的子女和妻子怎么办？他越想越怕，恐惧无比，以致当他坐到驾驶座时，出现心跳加速，额头冷汗不止，手脚冰凉甚至有点颤抖，脑海里不断出现各种撞车的恐怖画面，仿佛心里还一股声音在说："不能开车，会撞车的。"而当他离开驾驶座时，又会很快平复心情，恢复正常状态。

这让他很苦恼，无异于宣判自己今后将无缘自驾车，同时心里也担忧，将来会不会发展成连坐车也恐惧，所以寻求帮助。

▲

本案例中周先生的情况相对严重一些，想通过自我催眠调整，一般来说起效会比较慢，而由催眠师协助则很快就能解决问题。但是我们可以通过对本案例的分析，说明人心理上的一些特点，当你掌握和运用这些特点，结合自我催眠，在问题还比较轻微时就及时自我调整，则能防止问题恶化，恢复心理健康。

从案例中可以知道，周先生的问题中有一个很重要的特点，就是在那种状态下，脑海里会不断地出现一些画面或念头，这些画面或念头是他所担心的，让他恐惧；这些画面和念头不受意识控制，心里越恐惧就越出现，越出现心里就越恐惧，挥之不去。这和失恋者、某些恐惧症患者、事业失意者等遇到的情况是类似的。

那么为什么会这样呢？又该怎么办呢？主要有以下两点。

◎无心的自我暗示

在失恋时，我们是不是常对自己说“不要想TA”“忘了TA”“TA不值得想”等呢？也许你不知道，那几句话的意思和“我要想TA”“我不能忘了TA”“TA值得想”所产生的效果是一样的，都是在提醒自己要想起TA，虽然你是无心的。

是不是不太好理解呢？那我问你，假如我对你说“你不要想”，那你心里是不是无意识地想回问我“不要想什么”呢？如果我说“长着八字胡的小猫咪”，那你心里是不是马上出现了“长着八字胡的小猫咪”的样子了呢？是的，此时你就知道了我不要你想的是什么了，尽管因人而异，有的人心中“长着八字胡的小猫咪”的样子会清晰一些，有的会模糊一些。

所以，当你在告诉自己“不要想TA”，实际上也是在自我暗示

“要想TA”。挥之不去的画面、想法等，其中有一半的功劳都是自我暗示的结果。而比较好的做法是，什么都不做。

◎对TA太在乎

我们一生中会遇见许多异性，你现在想想看，有哪些是你一下子就能想起的呢？可以分为两类，一类是你喜欢的，另一类是你不喜欢的，而且你越喜欢或越不喜欢的，印象就越深刻。而样貌平平，也谈不上喜欢或不喜欢的，怕是让你使劲想，也想不起几个来，因为TA们早就被你抛之脑后了。

为什么会这样呢？

因为不管是你所喜欢的，还是不喜欢的，都引起了你的情绪状态反应，所引起的情绪状态反应越大，记忆就越深刻，而不管是爱、恨、情、仇，你和TA多了一重“情绪”纽带的联结。人是这样，事是这样，物是这样，想法等也是这样，初恋带给人的情绪体验很特别，所以初恋往往更让人记忆深刻。

其实大家都很熟悉，这一点也常常被人用来进行新闻炒作，做不了让公众喜欢的人物，那就干脆做让公众恶心的人物，于是近年各种雷人的人物就横空出世了；这一点也被人运用来做快速记忆法，把要记忆的信息编排进特定情境中，情境所引起的情绪反应越大，记忆就越深刻。

所以，要想真正消除那些你不想要的画面、想法、杂念等，除了防止无心的自我暗示外，重要的一点就是处理情绪反应，而处理情绪反应又分为两点。

第一点，像周先生撞车那一幕、失恋者想要遗忘的TA，这类是因为直接和自己发生关系所引起的情绪反应，需要一定的情绪疏导。

第二点，比如我们思考“有哪些方法去北京”，那会产生许多答案，坐飞机、坐火车、乘坐汽车，甚至骑自行车等，每一种方案都只是一个参考、一个提醒；当你准备去登山时，假如出现受伤、掉下山崖等念头，这并不代表现实，只是潜意识提醒我们需要小心，是正常的，端正了对这些念头的态度，很快它就会自然消失。

这几点在后面的催眠引导章节中也会运用到，遵循这些自然法则，催眠引导就会自然产生。

艾瑞克森催眠治疗技术很重视“利用”原则，只要有利于来访者效果的产生，就可以“利用”一切可以利用的。请看如何“利用”周先生自身拥有的经验来治疗他的驾车恐惧。

周先生的职业是软件工程师，在沟通中他无意跟我提到杀毒软件，突然我心里闪出一个念头，为何不试试给他的头脑装个“防火墙”，把那些“坏念头”挡在外面呢？

于是，在引导他进入催眠状态后，先对那次车祸中产生的极端情绪进行一些处理，然后给他的头脑装上“防火墙”，并依需要设定好规则。

如预期的一样，当他再次坐到驾驶座时，“防火墙”就自动启动了，以前那些让他恐惧的画面只要一出现，马上就被“防火墙”挡在外面，一周后，那些画面再也没出现，他完全恢复了正常状态。

从此破除道理都明白却做不到的困扰

我也知道抽烟不好，可就是戒不掉；我也知道打骂孩子不好，可就是改不掉；我也知道偷偷查看对方的手机不好，可就是忍不住；我也知道没必要反复检查门窗，可就是做不到。“道理都明白，却做不到”，许多人都曾有过这种体验和困扰，道理已经知道得明明白白了，可就像被下了魔咒一般，无法控制自己。

既然道理都明白了，那为什么还会做不到呢？

因为要改变的是心理模型。

假如我做的菜很难吃，可又不知道为什么，后来终于有个诚实的朋友告诉我，是因为忘了放盐，于是我明白了，那我马上就能够做到；再假如和女孩约会时，她总是离我远远的，我百思不得其解，后来终于有个诚实的朋友告诉我，应该勤换衣服，女孩对异味比较敏感，于是我明白了，那也能马上就做到勤换衣服。

为什么此时道理明白了，就能马上做到呢？因为这里要改变的是做事的程序，仅是完成一件事的流程、步骤或方法。

像抽烟、打骂孩子等，则已经形成了比较稳定的心理模型。前面我们已经谈过，一个心理模型的运作是比较严密的，由潜意识控制，在其外层有坚硬的保护壳防止被恶意修改或破坏，所以，要修改一个心理模型，就必须先拆除其外层坚硬的保护壳，然后从潜意识里改变，才能让这个心理模型改变。

“道理都明白，却做不到”，这句话里的“明白”，其实是表面上的明白，是概念上的明白，是指理解并认可某种道理或做法，认为是说得通的，而不是懂，只停留在意识层，而潜意识层并没有改变，因此，可以说做不到是理所当然的。

另外，正和“哪里有压迫，哪里就有反抗”一样，倘若试图强行改变一个心理模型，那其保护壳则会收拢得更紧、更稳固，而此时因内心受多股力量拉扯，会非常痛苦。这并不是说强行的改变一定不可行，只是过程中人要承受强大的精神折磨，若改变的是重要心理模型，则可能会导致精神不堪折磨。而一旦改变不成，可能反而会更糟糕，比如戒烟不成，反抽得更凶；节食减肥不成，而吃得更多等。

反之，假如你要戒烟，你可试试看，口袋里随时带着香烟，并不要求自己一定不能抽，那你的心里则会很踏实，而不会像口袋无烟，心里空空，烦躁不安，很快又促使你购买香烟；此时，如果你再充分利用“拖延”的习性和追求进步的天性，“烟已在我手，再拖一会儿吧，同时也看看自己的耐心”，那你可能很轻松地就把烟戒了。需说明，戒烟和拖延的愿望均不可过于强烈，不然则不得法。

那要怎样才能做到修改心理模型呢？

运用催眠术，可轻松修改心理模型。

随着主体进入催眠状态，心理模型的保护壳就会渐渐地松散，直至全部自动拆除，潜意识完全显现出来，此时，即可轻松地修改、重组心理模型了。

所以，要修改一个心理模型，运用催眠术具有见效快、直接、彻底等特点，是首选方法。

一般来说，引导进入、运用催眠，可分为两种情况。

第一种情况，由催眠师或学习过催眠术的人，引导他人进入催眠或自我催眠状态，一般具有特定的目的，比如修改某个心理模型。引导进入催眠状态的方法，从自然产生的催眠现象中学习总结而来。为区分自然中产生的催眠，此情况暂且称为人为催眠。

当前，催眠术主要应用于心理治疗，也常应用于教育培训、人际沟通、产品销售、品牌建设、广告设计、潜能开发、创意创作等方面。

第二种情况，自然而然产生的催眠。据科学家研究，平均每90分钟，人就会自动进入一次催眠，深度视心灵成长需要而定。同时，艾**瑞克森认为，进入催眠是每个人心灵成长所需要的。**

这种自然而然产生的催眠很常见，比如白日梦状态、坠入热恋的男女、陶醉于诗词歌赋的人、沉浸于故事中的孩子等。

这容易给人一种感觉，即自然中产生的催眠，几乎无所用处，因为其随意性比较大。其实不然，只能说人为催眠更具针对性，而自然催眠则偏向于内在需要。人每天都需要面对外在的各种变化，所以，也需要每天都进行一些适度的自我调整来适应这些变化，称为自我修复。**自然而然产生的催眠为自我修复提供了条件。**

假如用过度的理性思维来阻止自然催眠的产生，那就是阻碍自我的修复，长期如此，就会不适应社会环境的发展，或出现某些心理问题，并与自我的资源、智慧相分离。

同时我们知道，过于强烈、无序和强硬的态度，不但无益于自我修改，还会催生有问题的心理模型产生。

所以建议在生活中，不管多忙，都需要留出一定的时间休息，注意劳逸结合；在休息时，可适量增加品茶下棋、欣赏诗词歌赋等的时间，甚至做做白日梦也好，将有益于身心。

不断重复某种自我暗示，如“我一定要成功”“我很自信”

“我一定要……”等，在短期内，虽可能激发某种动力，而从长远来看，是有害而无益的，且暗示语言越具体，其害处越大。理由有二，其一，绝对化的暗示是拒绝灵活，不利于自我修复，长期如此可能会出现脱离现实的问题；其二，强烈、强硬的态度容易催生有问题的心理模型。

过去不等于未来，对过去的处理却影响着未来

人们常说，“世界不存在永恒不变，唯一永恒不变的就是变化”，所以，不管如今的你是身居成功之巅还是身陷泥潭，也不管如今的你正享受着人生的快乐，还是身遭不幸而满腹苦水，别留恋，也别抱怨，下一秒，这一切都将变成过去，时光会将你推向未来。

不是吗？不管你愿不愿意，也不管你同不同意，当说完分手这句话时，一切就变成了过去；当民政局的印戳盖在离婚证书上时，对方就变成了你的前妻或前夫；在你对一个女孩表白后，她接纳你而点头时，你就变成了她的男朋友；当你决定放下过去的包袱，要勇敢面对现在时，你就开启了全新的未来。

现在来源于哪里？现在来源于你的过去。未来在哪里？未来取决于你的现在。

过去、现在、未来，它们既有不相同，又息息相关。本节将要谈

的是，我们该怎样面对自己的过去才对自己最为有利，才不至于让过去变成包袱拖累自己，才能将过去的经历转化为经验资源，转化为建设美好未来的智慧。

为了让你有更深的体会，你可以现在就回头看看，看看自己这些年所走过的路、留下的每个足迹，感受一下你肩膀的感觉，是轻松还是沉重，是平静还是困惑；有多少事已经变成包袱，压在你的肩上或心里，而难以释怀；又有多少过去的事，每当你想起时，还会伤心甚至落泪，心里久久难以平静呢？

如果有，那你需要知道，过去已经成为牵绊你前行的包袱，越多这样的事，你就会越容易感觉身心疲惫，无力前行。

看看下面《年轻的小老头》这个例子，你将会更清楚，当过去成为包袱时，对一个人的影响有多大。

▼

小时候，小梁就是一个很聪明的孩子，几乎每门功课的成绩在班上都名列前茅，在老师看来挺难的数学题，他往往也能发挥创造性思维，寻找到巧妙的解题方法。中考时他以优异的成绩考取了市重点高中，父母、亲戚、朋友和老师都坚信，以他的表现来看，他将来肯定会有很好的前程。

然而，谁也没想到，他只勉强考取了普通大学，如今大学毕业了，却已经心力交瘁，20多岁的身体，心理却跟小老头一般。是什么事情让他变成这样呢?

小梁是一个具有钻研精神的学生，上高二时，处于青春期的他对生理知识产生了极大的好奇心，他想先弄几个避孕套来研究一下，可受传统思想的影响又不敢去购买，于是他决定去小超市“拿”几个来。

他没有成功，被店员发现了，可他不敢承认，因为他“拿”的可不是普通的东西，在争吵中，围观的人越来越多，而几个超市店员趁势强行对他进行了搜查，从他的书包里搜出了一盒避孕套。此时，他表示愿意付款购买或赔款，商家却得理不饶人，决定要好好教育孩子，于是又搜出了他父母和老师的联系方式，电话通知了他们。

他一连好几天没回家，也没去上学，觉得没脸面对他们，心里无法原谅自己的错误。虽然后来家长和老师没有对他进行太多的指责，他自己却感觉，家人、老师和同学们心里其实都在嘲笑他，尤其是看到他人笑时，这种感觉更是非常强烈，于是他开始回避老师和同学，无法静下心来学习，成绩一落千丈。

以这样的状态，以前做得好的事，都难以再做好了，这对于一向对自己要求很高的他来说是难以接受的，于是心里积压的懊悔越来越多，就像一个巨大的包袱在拖着他，让他疲惫不堪，于是，他一步步变成了后来的样子。

▲

超市店员的行为不是这里讨论的重点。从例子中，我们可以看到，小梁的心理发展过程是从对一件已经发生的事情的不接纳、不尊重开始，进而不接纳由此引起的一连串学习上的退步。从那件事情后，他的心理负担就像滚雪球一样，越滚越大，直至将自己拖垮。

很显然，像小梁这样，背着过去沉重而巨大的心理包袱，是无从谈未来的，**要开启全新的人生，就必须丢掉这些包袱，从接纳并尊重自己的过去开始。**

接纳和尊重自己的过去，其实也是尊重现在的自己，因为下一秒，现在也将变成过去。而当你往前走得更远再回头看时，很可能你又会发现，现在的自己在有些方面也是没做好的。对自己过去的不接纳，就会拖累自己。

所以，假如你遇到类似于小梁的求助者，或你自己心里有过去的包袱时，宜从接纳和尊重事实入手，在催眠状态中，充分利用时空距离的差异感，让当事人自己去体验不同时空下的感受，只要作为催眠师的你带着中立的态度，当事人就会比较容易选择接纳和尊重过去。比如，让当事人进入10年后的时空中回头看，一些培训师也会让学员感受临终前的遗憾。在后面的学习中，你将会知道，**当人进入催眠状态后，时空是可以不受限制的，可以进入未来，也可以退行到过去。**

其效果一般来说取决于当事人沉浸于催眠的程度、催眠师的中立态度和不同时空点的情境塑造，当任一个条件不满足，或未同时出现时，效果都会打折扣，甚至毫无效果。因此，你需要清楚，有效的催眠治疗绝不是走过场。

像小梁的问题，是可以清楚地从他的过去经历中，寻找到引起问题的伤害事件的，这比较好办。然而，有些人的心理问题却是难以从过去的经历中寻找“根源伤害事件”的，那应该怎么办呢？

对于人的心理来说，一个农民为了吃得更饱，不惜把谷种也做成米饭吃了，和杀鸡取卵的效果可以是等同的；一个人事业上遇到挫折，也可以用在路上遇到拦路虎来比喻；一个人的极端性格，同样也可以比喻成在他的世界里只有黑色和白色，而没有灰色等。

所以，**如果现在的心理问题难以从过去的经历中寻找“根源伤害事件”时，你可以将求助者引导进入催眠后，使他的潜意识顺着心理问题线索，以自己认为合适的方式呈现出来，并建立联结。**比如遭遇事业挫折，他的潜意识就可能会把此种情况解释为，在路上遇到了拦路虎，此时，对路上遇上拦路虎的情况进行处理后，他在事业上遇到挫折的心理也会产生同样的变化。

这也是艾瑞克森催眠术中间接治疗技术的理论基础。比较典型的是，对个别坚信人有前世的来访者可以利用这一点，将他引导进入前世，并处理在前世的遭遇。

只是你需要留意一点，为了确定潜意识给出的新的解释情境与要解决的心理问题建立了内在联系，你可以试着去触碰某一点，然后静观对方的身体语言变化，当你看到预期的反应时，即表明了它们之间存在关联性，就可以着手处理细节了。

别试图消灭心理问题

在传统心理咨询技术理论中，心理咨询师的目标往往是通过各种方法，试图消灭心理症状，以此来解决问题，其结果常常如给暴雨中封闭的水库堵漏，堵住了左边，很快右边又漏水了，堵了右边，很快上面又决口了，结果是越堵越漏。比如某个嗜赌的赌徒，消灭了他嗜赌的习惯，过不了多久，可能又抽烟成瘾了，消灭了他的烟瘾，过不了多久，可能又暴饮暴食了，结果是不断地解决问题，又不断产生新的问题，用中医的话说，这是“头痛治头，治标而不治本”。

艾瑞克森心理催眠治疗是颠覆传统的，有时也会不治本，但会利用本，反其道而行。我们知道，情绪是动力之源，当一个人经历不受尊重的事情后，心里会很愤怒，愤怒中的人可以做出很多冲动的事情，因此，愤怒其实也是一份动力。假如这个人刚好缺乏人生动力，那刻意平息这份愤怒，比如宣泄，也是一种浪费行为，何不利用它?

这不是既方便又实用吗？

下面来看看，艾瑞克森是怎样巧妙地利用问题来解决问题的。

▼

一个强迫症患者找到艾瑞克森，他的主要症状是反复检查门是否锁好，并感觉缺少力量，没有足够的能力应对外界的干扰。

艾瑞克森在了解各种情况后，对他说："我认为你反复检查门是否锁好，确实是有必要的，在你暂时无足够能力应对外界时，这不失为一种解决问题的方案，所以，你并不需要戒掉这个有好处的习惯。只不过……"

患者："只不过什么？" [艾瑞克森的说法让他感到很惊讶，很快引起了他的好奇心和注意力，艾瑞克森巧妙地使用一个转折句作为试探，患者的回应证实已经吸引了他的注意力。]

艾瑞克森："只不过，光检查门还不够，不然你把门锁好了，可是万一别人破门而入，你怎么办？所以，你不认为还有必要在门后面放根棍子，并加强身体锻炼，让自己的力气更大点，这样会更保险一点吗？"

患者不自觉地轻轻点点头，一副恍然大悟的表情。

果不其然，他回到家后，在门后面放了根木棍，并开始锻炼身体，因为只有这样，他才有足够的力气使用木棍。

在随后的几次催眠中，艾瑞克森又以类似的方式让他学会了很多技能，比如：报警知识；和邻居沟通成为朋友，建立同盟关系；人际沟通技巧；火警逃跑知识等。渐渐地，此患者已经不再关心门是否锁好，因为他已经建立了多条安全防线，感觉安全了。

▲

你可以从上面的案例中看到，和传统心理咨询技术不同，**艾瑞克森不但没有试图消灭“反复检查门”这个强迫症状，反而承认了其必要性，即尊重求助者对安全的需要，然后，他尝试以更多的方式帮助和支持求助者，让求助者对安全的需要得到更好的满足。**

比如，面对一个曾被男朋友嫌弃太胖，进行疯狂而非正常减肥的女孩，你需要做的是，先接纳和尊重她对被爱的需要，支持她减肥，然后，再帮助她更好地获得被爱。

下面我们来更详细地谈谈其心理原理。

我们都知道，当愤怒的时候，有的人会骂人，有的人会打人，有的人会摔东西，有的人会找朋友倾诉，还有的人对着天大声喊等。不管是哪种方式，都是在表达他心里的愤怒，所以说，骂人、摔东西等都是他表达愤怒的方式。

反复检查门是患者对安全需要的一种表达方式；疯狂而非正常地减肥，是那个女孩对被爱的需要的一种表达方式。所不同的是，他们的表达方式偏离了常态，所以，称它们为心理症状或症状性表达。

另一点，就是表达方式的数量多少，我们称为表达方式的范围。研究表明，有心理问题的人，往往他们的表达方式范围很小，如上面两例中，他们的表达方式均只有一种，没有选择。假如一个人受了委屈后很痛苦，不准他哭，不准他闹，也不准他倾诉等，因为无法表达，那就可能产生严重的问题，会憋坏。所以，**试图单纯地减少表达，消灭某些心理症状，不是明智之举。**

或许有些人会问，为什么不从根本上出发，直接消除需要，那样不就好了，而且很干脆。这听起来似乎很有道理，也很彻底。我们每个人都会有许多需要，有些是非必需的，有些则是必需的，比如对食物的需要、对安全的需要等，可以消除吗？显然不可以。又比如对爱的需要，可以消除吗？可以，只是那样，人就会变得不完整。再比如对音乐的需要，可以消除吗？可以，只是那样，所有人都会变得一样，和机器人没什么差别，这世界就会失去光彩。再者就是前面谈到的，有时消除需要会是一种浪费，而利用则会更有价值。

综合来说，**面对各种心理问题，我们在看到其心理症状的同时，更要看到症状背后所要表达的需要。许多情况下，可以不必大费周折地去处理其根源，可以用扩充其表达范围的方式，将其内在动力或能量引导到建设美好未来这个方向上来。**

而对心理催眠爱好者，从自我心理保健出发，可以通过培养自己的兴趣爱好，学习更多的自我表达方式，来扩充自己的表达范围。

这不但可以让你的生活变得更加丰富，还会让你的身心保持轻松、健康，能够轻松调整一些生活习惯等。

Chapter2

全面认识催眠术

你本就是催眠师

也许你不知道，也许你不相信，你一直就是催眠师，也经常在运用催眠术为自己的生活、工作和人际关系等服务，甚至还很出色，只是你一直都不知道自己使用的是催眠术而已。当你看完下面的催眠事例，你就会明白这一切，只要你有兴趣，还可以通过后面的学习学会更出色地运用催眠术，更好地服务于自己或家人等。

▼

在一个晴朗的日子，城楼上坐着一位老者，正在专注地抚琴弹奏，表情自然，旁边还燃着香炉，显得胸有成竹。老者旁边还站着两位书童，手捧宝剑，稳稳地站在那里。四个城门大开，城门里外几十个百姓正在洒水扫街，不慌不忙，不紧不慢，显得旁若无人的样子。

悠扬而又让人感觉杀机四伏的琴声，飘向城外不远的地方，那里集结了15万精兵强将，正在准备攻城。指挥官看到这一切，感到非常困惑，因为这是他以前从未遇到过的，所以看到眼前这不可思议的情况，再联想到敌方的指挥官非常具有谋略，他的第一个反应就是，这肯定是个陷阱。于是他命令军队停下来，细细观察了一番，只见城楼上的敌方指挥官仍然神情泰然，显得成竹在胸，这让他更加困惑。他转而想，也许对方没有发现自己，如果现在退去，岂不是失去一次绝佳的机会？

于是他命令全军吹响进攻的号角，骑着战马，带领着全军，高喊着向城楼冲去，并同时观察着城楼敌军指挥官和百姓的反应。然而不管是城楼的敌军指挥官，还是普通的百姓，均没有因为他的攻城行为而慌乱，更没有关闭城门，反而给人一种做好充分准备，正在等待他到来的样子。这让他开始恐惧，战马每往前跨一步，他内心的恐惧就更多一分……终于，在离城门几十米的地方，他内心的恐惧到达了顶点，他确信这是个天大的陷阱，城内一定埋伏着大量的精兵，再往前一步，那就是全军覆没，于是他紧急叫停了全军。

此时，城楼上敌军的指挥官回过头瞟了他一眼，眼睛里充满了杀机，脸上一副胜利时得意的样子。这一瞟，把他吓出一身冷汗，彻底击溃了他的意志，于是他掉转马头，夺路而逃，因为慌乱撤退，踩死踩伤的士兵不计其数。

▲

这就是几乎每个中国人都熟悉的“空城计”，城楼上的指挥官是诸葛亮，而进攻的指挥官是司马懿，这是一次成功的催眠应用实例。

为什么说“空城计”是一次精美绝伦的催眠应用实例呢?

现代催眠术认为，催眠是情境的结果。诸葛亮非常了解司马懿谨慎、多疑的心理特点，于是营造了一种挖好陷阱、布置好伏兵，等待司马懿来钻的情境，让司马懿心里感到恐惧和不安，同时充满杀机的琴声更是配合着整个情境，扰乱他的心绪，让他坚信这肯定是个天大的陷阱。

从司马懿看到这情境的刹那间，催眠便开始了，在他多次试探下，情境仍然保持不变，将他带入了深深的催眠之中。这种突然打破常态的催眠引导方法，现代催眠术称之为中断技术，也就是常说的瞬间催眠技术，后面章节会对此技术进行更详细的解释。

司马懿所产生的各种心理反应，是诸葛亮所营造情境的结果，也是针对司马懿的心理特点和当时的对阵态势而专门设计的，当司马懿身处其中时，进入了催眠状态，产生了诸葛亮预期的心理和行为反应，所以说，这是一次成功的催眠应用实例。

通过营造特殊情境，让身处情境中的人产生特定心理变化或行为的催眠事例，生活中是不是还有很多呢?

当你不欢迎朋友或亲戚来家做客时，一般不会直接说，而会表现得过分恭敬、过于礼貌，以此来营造一种有距离感的情境；有些人则可能故意在客人面前和家人吵架，而把客人晾在一边，以此来营造一种冷漠、不受欢迎的情境。这两种情境中，一般客人很快会感觉到来得不是时候，而知趣地离开。这些都是催眠的实例，虽然很简单，且程度浅、时间短，你希望对方所产生的心理变化和行为却轻易地实现了。

一般来说，自然中产生或无意识引导产生的人际互动催眠，有以下几个特点。

▶ 随意性比较大。

▶ 隐喻性情境更多，这和东方人内敛的文化是相符合的。基本过程和人为催眠是无差别的。

▶ 发展契合关系。

▶ 确定和吸引受术者的注意力。

▶ 弱化受术者的意识心理。

▶ 进入无意识心理。

下面再看看受过专业培训的销售人员是如何运用催眠术做销售的。

▼

一个恋爱中的女孩去买化妆品时，销售员对她说："你不知道吧！这款彩妆最特别的是，化完妆后几乎看不出来，当时开发人员还担心，这款彩妆推出之后，韩国的整容师会不会失业，呵呵……"

女孩："呵呵……是吗？"

销售员："是的！你想想看，你今天回去使用这套彩妆后，会变得美丽动人，再配上一套有情调的衣服，当男朋友下班推开家门，看到美丽动人的你站在面前时，他肯定会抱着你不放的……"

▲

前一段，销售员用简单的幽默吸引并弱化了女孩的警惕性，让她放松下来，女孩的回应则帮助销售员确认她被吸引了注意力；紧接着，一段富有联想的场景描述（描述语言的选择是有讲究的，后面章节会专门讲述），在女孩心中建立起了美好恋爱体验的联想。"你今天回去使用这套彩妆……"，预示一定会购买，如果不购买，则意味着会失去恋爱带来的美好，一拉一推，推动女孩做出购买行为。

催眠过程：当女孩开始想象自己化妆后的场景时，便开始进入催眠，而在想象男朋友回来见到自己的情景时，便深深地坠入了催眠，催眠状态可以一直延续到和男朋友相见，并且在每次化妆时，也容易再次坠入催眠。

在日常生活中，催眠例子还有许多，不管是有意引发的，还是自然产生的，催眠都无时无刻不在发生着。沉浸于故事中的孩子，陶醉于诗词歌赋的人儿，迷恋于热恋带来的幸福感中的男女，甚至享受于夫妻生活的男女等。如今，催眠更是广泛地应用于心理咨询、教育培训、产品销售、人才战略、广告等方面。

催眠是什么

在前面的章节中，大量介绍了催眠术知识以及催眠术在心理治疗中的各种应用案例，它快速、有效地协助他人实现心理转变的能力，相信也吸引了不少读者的兴趣，让读者想更多地了解催眠、学习催眠。

此时，读者常会有一种云里雾里的感觉，最想问的是，催眠究竟是什么？它的具体定义是什么？

到目前为止，催眠还没有一个明确的定义。在催眠发展史上，也曾有不少理论家试着给催眠下一个明确的定义，然而，每种定义出来后，其他学者都能举出反例来反驳。艾瑞克森作为催眠界的泰斗，经常有人要求他给催眠下一个明确的定义，他明确反对这样做，他解释："不论我说它是什么……都将会扰乱我对其诸多可能性的认识和利用。"

如果一定要有个说法，本书更倾向于：**催眠是一种变动心理状态，是情境的结果。**

虽然至今没有一个明确的催眠定义，但并不代表我们不可以认识它，不可以运用它，下面我们就通过各种催眠现象来进一步认识它。

进入催眠状态后的主要特征有以下几种。

◎注意力集中于某特定体验

在进入催眠状态后，受术者的注意力会集中并沉浸在某特定的情境中，并能持续一段时间。即使身处闹市，只要外来干扰（如噪声）不太强烈，你常常也不会意识到这些干扰的存在，就算意识到了，也不愿意去理会它们。

还记得吗？你坐在教室里，眼睛望向窗外，不知是什么，让你想起了和小伙伴一起玩的情形，于是你很快地沉浸在其中，重新体验着当时的乐趣，当体验到快乐的情境时，嘴角还会不自觉地露出笑容。你完全忽略了老师正在讲台上讲课，他讲了什么，同学又做了什么，你完全不知道，也不在意，甚至有同学向你借橡皮，你也只是随手拿给他，然后继续沉浸在自己的世界里；假如有苍蝇飞到你脸上，你会不自觉地去赶走它，但丝毫不影响你沉浸于自己的世界。这种白日梦的状态，就是自然产生的催眠状态，你一定不会陌生吧？

◎自然产生，不必做任何努力

受术者无须为进入催眠做任何努力，或提前准备什么，就像上面提到的做白日梦那样，催眠“似乎就这样发生了”，并且“任其自然发生”。

一些自认为难以进入催眠的读者，究其原因，却往往是为了更好地进入催眠而“提前做了充分的准备”，或试图“努力进入催眠”，结果阻碍了自己进入催眠。

◎催眠是体验，而非概念

催眠状态中的人通常沉浸在体验里，一般不需要逻辑上的理解或概念上的分析，这样他才更能直接地体验“事物本来的样子”。就好比你要认识辣椒，在把辣椒放进嘴里前，做任何事先的理解、分析或预估都会妨碍你，最好的办法是把辣椒直接放进嘴里，直接去体验。

催眠状态中，受术者的思维过程不再重要、对事物的评价更少、不爱说话、抽象性更少；取而代之，是更多场景的、画面的、感觉的等，即体验上的。

◎自愿体验

◎时间、空间灵活，不受限制

在催眠状态下，你可以完全与当下分离，转移到任意时空中，比如：主观上可以进入未来，退行到过去；可以像体验1小时那样体验1分钟，也可以像体验1分钟那样体验1小时；还可以产生正负幻觉。

你是否有过这样的经历呢？某天你坐公交车去上班，像往常一样上了公交车，然后望向窗外，也不知是什么勾起了你对往事的回忆，就这样，你很快进入了催眠。尽管你人在公交车上，心却飘向了远方，重新体验着那段回忆中的种种。

不知过了多久，突然，你发现自己该下车了，抬头看看站牌，你发现自己竟已经坐过站了，1小时的车程仿佛只过了1分钟。

在这自然催眠中，就出现了空间上的跨越和时间上的扭曲。

◎感觉体验的改变

感觉上的变化，例如：身体沉重感、身体轻飘感、身体温暖感、隧道视觉、声音的选择、躯体离开身体飘浮于空中、快乐地旋转等。

◎催眠深度的起伏

催眠是一种连续的状态，不能划分为全有或全无；而催眠深度经常是起伏变化的，经常是由轻度转为中度，而后又转为深度，再转为轻度……这种起伏受被催眠者所体验的情境影响，也可以受催眠师的引导影响。

催眠深度由催眠治疗要求决定，并不是人们误解的那样“催眠深度越深越有利于治疗”。

◎运动/言语抑制

随着进入催眠，受术者会渐渐减少运动，或有节奏地运动，肌肉开始变得松弛，呼吸变得均匀且有规律，言语减少等。

这方面的特点是非常重要的，是受术者进入催眠后，催眠师了解受术者状态的主要通道，在后面将会有详细的介绍。

◎催眠逻辑

催眠状态中，意识心理喜欢的理性、线性及因果逻辑会被搁置或限制；而无意识喜欢的联想性、比喻性及具体化，则会得到更多自由表现空间。

催眠逻辑是允许“既是/又是”关系的，比如：“我要变/我不要变”“我喜欢他/我讨厌他”“我要上班/我要去旅游”等，这种看似矛盾的逻辑，在创作、探索更多可能性上，是更具价值的，也包括心理治疗。

◎隐喻性、象征性表达

在催眠中，象征性符号、隐喻性的故事、具体化的场景等，更容易被无意识所接受。

所以，对拥有大量寓言故事、成语故事、神话传说、诗词歌赋等文化积淀，擅长隐晦沟通的中国人而言，学习催眠术无疑会更有文化上的优势，可以更快地掌握催眠术。

◎时间扭曲

如前所述，在催眠中，心理时间变得不再重要，自由而不受限，这让它具有许多治疗用途，如加速学习过程。

◎健忘

受术者从催眠中醒来后，不太记得在催眠中的经历或者完全不记得的情况常有发生。然而，这大部分都是暂时性的遗忘，这种健忘对于催眠既不是一定会出现的，也不是一定不会出现的。

上面所述是处于催眠状态的人常出现的12个特征，需要特别说明的是，**这并不意味着每个进入催眠状态的人的体验是一样的，而是会具有个体独特性**，比如：有的人会有沉重感，另一些人则可能有轻飘感；有的人可能会出现健忘，另一些人则可能不会出现。

同时，每个特征的程度不可进行量化，比如：注意力的集中程度、自愿体验的程度、健忘程度等。理解这一点是很重要的，对于初学者，或许这样解释更容易懂，就好比画家用12种颜色画了一幅作品，假如以每个颜料使用的数量来评价作品的价值，很显然是不可行的。

任何一种颜色的使用量都不能代表作品，评价作品需要用艺术眼光来进行欣赏；任何一个特征的情况，也不能说明受术者的催眠体验状况，评估催眠体验需从整体出发，充分借助你的智慧和经验。

催眠助你玩转心理

曾有一位吸毒患者找到催眠泰斗艾瑞克森，请求协助他戒除毒瘾。艾瑞克森仅用了三句话——“你好”“请坐”“你可以走了”，在短短的10多分钟时间里，就成功地帮助他彻底戒除了毒瘾。

大部分人听到这个案例时，都表示不可思议，用“简直不敢相信”之类的话来形容。确实，这个案例可以用神话般的效果和速度来形容，然而这并不是神话，而是真实的心理治疗案例；这也不是偶然的一个案例，因为在艾瑞克森的职业生涯中，还有大量类似的神奇案例。

在上面的案例中，艾瑞克森所使用的技术并非常规心理咨询，而是被誉为“心理魔术手”的心理催眠术。只是在这个催眠治疗案例中，他没有使用普通催眠用到的言语沟通，而是使用了自己擅长的非言语沟通来和患者沟通信息，所以显得更为神奇。

和常规心理咨询比起来，心理催眠术的优点是很明显的。常规心理咨询没有办法解决，或难以见效，或起效慢的心理问题，改用心理催眠术后，夸张一点说，可能一杯茶的工夫，问题就解决了。

这就是被誉为“心理魔术手”的心理催眠术，快捷、有效，深入潜意识地解决问题。

以前，催眠师使用心理催眠术，通常是用来为他人做心理治疗，所以就容易埋没这种技术在其他方面的功用，比如教育培训、人际沟通、产品销售、品牌建设、广告设计、潜能开发、创意创作等。

并不是每位读者都想成为催眠治疗方面的专家，还有不少读者更希望能学习一些更为简单的催眠术，服务于自己的日常生活。下面就给大家介绍催眠术在这些方面的应用，同时，只要你有需要，也可把你将在后面章节中学习到的各种催眠技巧运用于生活的各个方面，这一切都是灵活的。

◎亲子教育

曹女士有个10岁的儿子，对金钱没什么概念，总是乱花钱，她给孩子讲了很多道理，也用了很多方法，都没有效果。她担心这样下去，孩子会不懂尊重他人的劳动，喜欢不劳而获等，不利于孩子的身心发展。于是，曹小姐来找我，咨询有什么好办法。

我问她：“孩子喜欢听故事不？”

她答："喜欢呀！特别是《喜羊羊和灰太狼》，那是非看不可的。"

我答："既然这样，那何苦要逼着孩子听你讲那些枯燥的道理呢？"

她答："什么意思？不给孩子讲道理那不是更麻烦？"

我答："曹小姐，难道你真的不知道，有这样一个大方的喜羊羊吗？在一个镇子里……"

就这样，曹小姐回去给孩子讲了个《大方的喜羊羊》的故事，她儿子就变了，变得懂得珍惜钱，还会干些家务了。故事的大概内容，讲的是一个大方的喜羊羊，对朋友和镇子上的人都很好，经常把家里的东西分给别人，大家都称赞他很大方，他很高兴，很享受这种赞美，于是对别人更大方。一次，他一个人去旅游，结果在途中钱包被灰太狼偷去了，于是他开始了流浪、乞讨……尝尽了苦难，也看到了人们挣钱的艰辛等。好不容易，他终于回到了家，在镇子外的工地上，遇到了正在搬运木头的父母，这是他从来没有见过的父母的另一面……

成长中的孩子，逻辑思考分析还不是他们的强项，他们更喜欢在情境中，用心去体验、去认识这个世界，所以，孩子更喜欢故事。

所以，在亲子教育过程中，当你希望孩子懂一些道理时，可以结合孩子的情况，编成故事。就像上例中，把不懂珍惜金钱故意比喻成大方，然后设置一个奇遇情节，让故事的主角在这过程中认识世界、认识劳动，再用催眠手法把故事讲给孩子听，他就马上懂了，也就改变了。

◎**恋爱和婚姻中的运用**

曾经有个小伙子，感情出了很大的问题，因为自己做错了一件事，女朋友要和他分手，于是前来咨询，怎样挽回这段感情。一般这种要求是不接受的，在听了他们的故事后，我认为分手确实可惜，于是破例给他设计了一个挽回感情的说词方案，他用了，也见效了，这里展示一下，供大家参考（感情无对错，由读者自行决定是否使用，不建议过多使用或滥用）。

第一部分：承认、尊重和理解对方的真实体验，平复情绪，建立基础。

你这些天瘦了，看起来也憔悴了，因为你很伤心，而且是被自己的男朋友伤了心，换了谁，心里也不会舒服。事情发生后，你跟我提出分手，我心里也很痛苦，因为害怕失去你，所以不停地向你解释，求你回到我身边，我知道其实你也不想那样，可心里又看不到希望，所以没勇气、没信心再往前走。

后来自己静下来想想，其实那段时间，心里光想着如何挽留你，而根本没有清楚地认识到错误，如果没认识到错误，谁又能保证问题不会再发生？所以发生这种事，只有充分认识到错在哪，改正了，再复合才更好，不是吗？

先说明事实，承认、尊重和理解对方的情绪，这样对方的不满情绪才能得以平复；然后说明自己认识错误的过程，理解对方提出分手，同时借用一个因果关系，解释了对方提出分手的理由，同时通过“没认识到错误前，复合不是时机”，间接暗示了现在认识到错误，是复合时机了。在这过程中，运用了大量的虚词，比如“舒服”“那样”“希望”“这种事”等，这类词没有确切的意思，好处是在你不清楚确切想法时，你就不会错，虚词的运用在后面会详细谈到。表达时一定要放慢语速。

第二部分：上升问题高度，让问题自然变小，再将问题抛给更高的爱情。

同时通过这次的事情，我感觉爱情也和人一样，总难免会生病，如今我们的爱情也一样，生病了，也许是病得重了一些，然而，我们不能因为爱情生病了，就抛弃它，想想我们一起走过的每个日子……所以，亲爱的，为了我们的爱情，让我们给爱情一次机会吧，我们一起努力，爱情就会好起来的。

有了第一部分的基础后，把爱情比作人，把感情问题比作爱情生病，转换一个角度，同时把问题上升到爱情高度，那问题在无形中就变小了；最后是给“爱情一次机会”，而不是“给我一次机会”，你不会不知道区别在哪吧！

综合来说，有人际沟通的地方，就有催眠术的用武之地；当你懂得运用催眠术，就能更轻松地达成所愿。

别再让误解使你与催眠失之交臂

曾经有一个很纠结的来访者，之所以说他是很纠结的来访者，并不是因为他的心理问题有多难治疗，而是在接受催眠治疗之前，他曾前后打了20多次电话，并且3次亲自上门来了解催眠的各种情况，最后才决定接受催眠治疗，前后历时半年多。而他的心理问题，只用了10多天的时间就解决了。

当然，虽然说他很纠结，这份纠结也似乎没有必要，却是可以理解的。因为在此之前的几年中，他曾断断续续地接受了几十次常规心理咨询，效果均不理想，这让他已没有多少信心。一次偶然的机会，他从电影中了解到，**催眠术是一种深入潜意识中进行心理治疗的技术，擅长解决各种根源在潜意识中的心理问题**，这让他仿佛在黑暗中突然看到一丝光亮，有了希望。

然而，电影中催眠师的神秘感和各种催眠秀表演的惊人效果，让之前从没了解过催眠的他又喜又怕。喜的是各种资料显示，他怕黑的心理问题正是催眠术所擅长的，怕的是如果和电影及催眠秀表演那样，被催眠师控制了，那可怎么办呢？就这样，他带着这些对催眠的误解，才有了上面纠结的一幕，还差点和催眠失之交臂。

经过多年的发展，虽然催眠术在国内心理咨询界取得了不错的成绩，越来越多的求助者接受催眠治疗后，走出了心理困扰，恢复了心理健康，然而，人们对催眠术的各种误解仍然很普遍。

在生活中，常遇到这样的情况，向他人介绍自己的职业是催眠师时，对方会不自觉地愣一下，紧接着身体会稍稍往后倾斜。他的身体语言仿佛在说："哦……快拉起警戒，小心一点儿，离那危险的家伙远点，以免不小心被他催眠了，被他控制了……"由此可见，普通人群对催眠术的误解有多深。

这让我想起了前几年发生在非洲的一个有趣故事。

▼

有一天，在非洲的某个城市，发生了一件让人非常难懂的事，那里的居民只要见到中国人，就会拼命地逃跑或躲起来，犹如大难临头一般，人们充满恐惧和惊慌。

在此之前，从来没有发生过这样的事，而且中国人在当地是非常友好的，那么究竟是怎么回事呢？当地政府经过调查发现，在那段时间，当地电视台引进了中国的武侠电视剧，正在热播。对中国缺少了解的居民们，在观看了中国武侠电视剧后，认为中国人个个都有深藏不露的武功，能上天入地，杀人于瞬间，这让不会武功的他们感觉危险就在身边，所以非常害怕，见到中国人就逃跑或躲起来。

▲

大多数人对催眠术的了解，都来自电视、电影及催眠秀表演节目，比如《双雄》《盗梦空间》《鲁豫有约之催眠秀》等。而电视、电影的夸张性、有意制造神秘感等表演手法，给催眠术披上了一层神秘的面纱，容易让观众像当年非洲居民对中国人的误解一样，对催眠术产生各种误解。

而类似于《鲁豫有约之催眠秀》的催眠秀表演，更是让人们实实在在地看到，观众被催眠师催眠后，指挥他们做出各种各样让人难以想象的事，比如：把洋葱当成苹果吃、吹拉弹唱的才艺表演、痛觉中断后用针刺手也不感觉疼、看见不存在的挂钟、看不见存在的桌子、忘记自己的姓名、念不出特定的数字，还有催眠师热衷的人体钢板实验等。

面对自己亲眼所见又无法解释的神秘催眠现象，各种对催眠的误解就自然产生了。比如：催眠术是一种心灵控制技术；催眠就是催人睡觉；甚至还有人认为，催眠术是一种法术。

◎**催眠术是一种心灵控制术，进入催眠后，就会被催眠师控制**

这种误解，主要来源于各种催眠秀表演节目。在催眠秀表演中，被催眠的观众就好像被催眠师控制了一样，对催眠师言听计从，催眠师让他做什么他就做什么。

催眠师真的控制了被催眠的观众吗？当然不是，假如催眠师对进入催眠状态的观众下指令：请把你的钱包拿出来，或请把你的银行卡密码告诉我，那观众马上就会醒来。

为什么呢？因为**催眠师所下的指令，必须遵守一条原则，是观众愿意并有能力做到的对自己无害的事**，所以你可以看到，哪怕是唱歌跳舞这样的指令，也不是所有观众都会照做，有些人更愿意享受催眠的放松感，就会不愿跟着做；而如果是对自己有害的指令，那潜意识的保护机制马上就会启动，马上醒过来。

所以说，催眠术并不是心灵控制术，催眠师也不可能控制你，**进入催眠后，你只会做自己认为安全的并且愿意做的事。**

◎**催眠是催人睡觉**

这种误解主要来源于当人进入催眠状态，对他各种表现的观察，以及字面意思的拆解推论。国人喜欢顾名思义，认为催眠就是催人入眠。

在研究人员刚开始研究催眠时，也不知道催眠究竟是什么。他们开始通常要求受术者盯着略高于眼睛上方的一个点，几分钟后，受术者的眼睛就会因疲劳而闭上，并慢慢进入催眠状态。通过观察，受术者一般都闭着眼睛、呼吸均匀且有规律、神情放松等，进入较深催眠状态的受术者，还容易出现恍惚感，看起来就像半睡半醒的样子。

研究人员根据实验过程中进入催眠状态的人看起来好像睡着了这一现象，于是取名“催眠”，意思是“人为导致的睡眠”。虽然后来的研究证明并不是这么回事，研究人员也推翻了之前的观点，然而“催眠”这个词已经广泛使用了，也就没有更改。

所以说，催眠并不是催人睡觉，不能从字面拆解来解释，当然，**催眠可以改善睡眠，也可以由催眠状态引导过渡到自然睡眠。**

判断是否进入催眠的简单方法

许多读者都有购买或从网上下载各类催眠录音收听体验的经历。有的读者感觉很好，能跟随着催眠录音轻松进入催眠，体验催眠的奇妙；而有的读者则感觉录音没有用，或第一次听的时候能进入催眠，第二次再听时，就似乎不起作用了。

为什么会这样呢？

在你引导他人进入催眠及治疗时，你总需要实时地知道受术者的状况，这样才能知道自己的引导有没有产生预期的效果，是否需要做什么样的调整等。比如："你可以从肩膀开始放……松……自己/很多人习惯从肩膀开始放……松……自己"，当你发出这样的引导后，你可以留意他的肩膀，如果出现了放松的信号，则说明你的引导有效，可以继续扩大；而如果没出现放松信号，仍然是紧张的，这说明刚刚的引导无效，此时你可以检查有没有出现其他信号，如眼球、睫毛等，然后调整你后面的引导。

如上所述，**催眠录音之所以经常无效，是因为录音引导是固定不变的，同时它把人的心理也当成了固定不变的来看待，不管引导有没有产生预期的反应，后面的引导都一样进行，而不会进行灵活调整，**换句话说，缺少了控制调整的过程，这是由录音程序本身的特质决定的。

催眠是一门操作性极强的技能，所以初学者需明白，**学习催眠术，难的不是你要掌握多少知识点，难的是能否控制好引导过程，识别信号，解读信号，并依需要及时做出灵活调整。**

既然控制催眠引导过程如此重要，那下面我们就一步一步来学习吧。

中国有句名言叫作“相由心生”，意思是人的心理活动都会在他的生理上有相应的表现，组成他整体的相，这个“相”不仅指的是相貌，更多指的是形象、景象以及活动轨迹等，而科学家的意念致动学说也证实了这一点。

综上所述，受术者的心理变化总会引起一些生理变化，观察、识别和解读这些生理变化，则是催眠引导控制的依据和基础；而人的生理变化有许多，作为初学者，应遵循循序渐进的原则，本节将先从几个重要的、较容易观察，且相对简单的信号着手。

通常进入催眠有几大明显信号。

◎言语减少

在谈话催眠时表现得比较明显，比如给孩子讲故事催眠时，他沉浸于故事中，再比如和朋友谈起某段陈年往事时，她陷入了深思，这都是进入催眠的信号。

◎运动减少，或保持规律的运动，偶尔可看到身体无意识颤动现象

身体无意识颤动现象，是进入催眠的一个比较可靠的信号，因为不同于其他特征，无意识颤动是意识较难模拟的。

什么是无意识颤动呢？你可以自己体验一下，在跷二郎腿时，拿个小锤子轻敲一下膝盖骨往下的地方，你会发现小腿无意识地跳动一下，这就是无意识颤动，也叫条件反射。

在引导过程中，假如受术者身体某部分出现突然抽动现象，或手脚颤动现象，这都是很好的信号。

为了更好地和受术者沟通，催眠师往往会建立一个信号回馈系统，所以在你确定受术者已经进入催眠时，你就可以启动信号系统，验证自己的判断。比如：“当你听到我从1数到3时，请给我一个信号，轻轻动一下你的右手拇指……1……2……3……”此时，你就可从受术者拇指的运动分辨是有意识的还是无意识的。

◎脸部肌肉、肩膀变得松弛

◎呼吸开始变得均匀而规律，由胸式呼吸转为腹式呼吸

◎视线集中于一点，或闭上眼睛的眼球运动减少

在谈话催眠时，受术者一般是睁着眼睛进入催眠的，此时，出现催眠的信号往往是受术者的视线会集中于某一点；而在较正式（或许这么说不太准精）的催眠中，催眠师为减少外界干扰，一般会请受术者闭上眼睛进入催眠，此时，可以从眼球的运动情况来进行判断，只是这里需说明一点，在受术者进入催眠后，出现的眼球快速运动，并不一定是苏醒的信号。

值得注意的是，初学者往往容易以单个信号代替整体，这样很容易出现误判，单个信号往往不能说明什么；同时，信号解读并没有“周公解梦”式的对照范本，所以，**更有效的办法是通过大量的练习来积累你的经验，并且逐步把这项工作交给你的无意识，这样一方面更准确，另一方面不至于占用你过多的注意力。**

催眠是一门操作性极强的技能，初学者一般比较少有机会跟着催眠师在催眠引导现场进行学习，而一般催眠培训班的练习机会也不足，往往容易让初学者停留在理论上，这不利于提高初学者的操作能力。

识别、解读催眠信号的自我训练：你不妨多从生活中的自然催眠现象、人际互动以及自我催眠经验中学习。

◎从自然催眠现象中学习

只要你留意一下，在生活中随处可发现自然进入催眠的人，可多观察这些自然催眠现象。如果你擅长讲故事，不妨多讲故事给不同的人听，并可灵活地在故事中增加对情境的描绘。

比如某天和朋友一起吃饭，两个人边吃边聊天，聊到了小时候去春游的事，慢慢地，只是你一个人在说，而你朋友似乎在听，却对你的话没有回应，好一会儿过后，你发现朋友好像没在听，于是你叫他，他却好像没听见，直到大声多叫几句，他才突然回过神来。

其实，他早被你那句话带进了催眠，正体验儿时春游的乐趣呢。所以，当你再遇到类似情况时，可不必着急叫醒对方，何不好好抓住机会观察呢？

◎从人际互动中学习

在人际沟通中，人的表情是比较丰富的，你可以选择1~2个特征作为观察点来练习。因为有互动过程，对你学习、验证催眠语言运用也非常有好处，然而，不要表现得太明显，不然被发现了，你的朋友也许会很不舒服。

◎从自我催眠经验中学习

我们都有过做白日梦的经验，你可以静静回想一下，自己是怎么开始渐渐进入催眠的，视线落在某处，其实却并未留意它，说不清是什么，勾起了自己对往事的怀念，就这样陷入沉思。

现在，不妨用心好好感受一下李白的这首诗，“故人西辞黄鹤楼，烟花三月下扬州。孤帆远影碧空尽，惟见长江天际流”，或许你会从自己体验诗的意境过程中有所收获。

你就是这样轻松进入催眠的

许多读者都有探索猎奇的心理，对戴有神秘面纱的催眠术更是这样，总想弄清楚自己是怎样慢慢进入催眠的，所以会在心里做各种设想，甚至有种恨不得制造个心理摄像机，把这一过程都拍下来分析的想法。

也正是这样，许多有同样好奇心的来访者在接受催眠时，虽然闭上了眼睛，心里却格外留意催眠师的一言一行，同时密切关注着自己的丝毫变化，并且还要特别地记下这过程中的每个细节，更有趣的是，这一切还要偷偷地进行，因为害怕催眠师发现自己这样做。

如果这样可行，那确实是一个不错的研究催眠的方法，然而，结果往往令你失望。假如引导你的是初级催眠师，因更专注于引导，而没发现你的小动作，那你会顺利地记录下整个引导过程，除此之外，你别无其他收获，因为此时的你，更像是催眠师的得力助手；或发现了你的小动作，却因为经验不足，不知怎么处理而继续原定的引导，结果还是一样。

假如引导你的是有丰富经验的催眠师，那么他很容易就会发现你的小动作，并且会马上做出引导调整，比如进行合并、制造混乱、制造沉闷等，如果你仍然坚持要做“卧底”，那催眠师并不会因为你的坚持而心软，而会唤醒你进行再沟通，然后再引导，因为心软不会带你进入催眠。

当我遇到此种情况时，通常会先尝试进行合并。

示例：也许你对催眠很有兴趣，好奇自己是怎样进入催眠的，好奇我接下来会怎样引导，下一句会说什么。也许你不知道，我也不知道自己下一句会说什么，就像我不知道你会从左手开始放松自己，还是会从右手开始放松自己一样，就像我不知道在你放松下来时，是否能留意到自己的呼吸声一样……

解释：用了“也许”开头，那你就不会错；直接说出了来访者的行为，这会让他感觉被发现了，无须再隐藏，此时他多半会不好意思地微笑一下，这让你证实了自己的猜测；连续用了好几个“不知道”，有意制造混乱，吸引他的注意力，然后马上又把注意力指向他的内部，实现了自然的过渡。

或许有些读者会问，既然在接受催眠时，暗中观察会阻碍自己进入催眠，那我怎么知道自己是否进入了催眠？自己是怎样慢慢进入催眠的？以怎样的心态接受催眠，会更利于自己进入催眠呢？

下面我们就来讨论这些问题。

首先，除非你是做催眠研究的，不然我就会认为，你接受催眠的目的并不是进入催眠，而是借助催眠技术实现其他目的，比如身心放松、心理治疗等。那么，既然在你接受催眠时，试图观察进入催眠的过程和判断是否进入催眠的做法会阻碍你进入催眠，而这又不是你接受催眠的目的，那最好的办法就是放弃观察和判断。

放弃观察，并不代表你不能了解自己是怎样进入催眠的，如前所述，催眠是体验，而非概念，就像你要弄明白辣是怎么回事，不是去观察他人吃辣椒时的表情，最好的办法是直接拿个辣椒放到嘴里，你就会马上明白了。要了解自己是怎样进入催眠的也一样，最好的办法就是去体验。

你现在就可以回想一下，自己曾经自然进入催眠的经历，你像往常一样坐在教室里，打开书包，拿出课本，翻到指定页码，等待老师的到来。你的同学也没什么两样，有的在准备，有的在说话，有的在转手中的笔，有的还在吃零食，而课代表正在忙着收作业本。不一会儿，老师走进了教室，还是穿着那件引不起人兴趣的格子衣服，板着脸走上讲台……大家都熟悉透了这一切，甚至都懒得抬头看一眼老师，就这样开始上课了……

不知过了多久，也不知是什么吸引了你，你望向窗外，并且视线定在了那里，其实你并没有在看什么，而是想起了几年前和朋友去野炊的经历，你们一行人来到一个长满松树的山脚下，那里有块还算不小的草坪，草地旁边有条清澈的小溪，这方便洗菜做饭，于是决定就选在这里进行你们的野炊。大家卸下背包，累了的坐在草地上边休息边聊天，有的人忙着照相，有的人脱掉鞋子光着脚走在草坪上以感受青草给脚底按摩的感觉，有的人在忙着架锅做饭，有的人在捡柴火，有的人在小溪里玩水……大家都有一个共同的感受，这里清新的空气和蓝天、白云，让人有一种心旷神怡的感觉，好舒服……突然，一位正在小溪边洗菜的朋友一不小心，脚下一滑，掉进了小溪，全身的衣服都弄湿了，大家看了都笑起来……

忽然，你听到有人在叫你的名字，你回头一看，原来是你的同桌，他接着问“你刚才在笑什么”，你才突然发现，自己正在上课。

看到了吗？感受到了吗？你无须事先做任何准备，无须进行任何刻意的配合，也无须做任何刻意的想象，就像平时听别人讲故事时一样，从前有座山，山里有座庙，庙里有个老和尚，老和尚正在给小和尚讲故事，一幅由山、庙、老和尚、小和尚构成的画面，就自然而然地在面前出现了，而当你自然走进这个场景时，就慢慢步入了催眠，你就是这样轻松地进入催眠的。

李白有首很让人陶醉的诗，我们不妨来感受一下它的意境："风吹柳花满店香，吴姬压酒唤客尝。金陵子弟来相送，欲行不行各尽觞。请君试问东流水，别意与之谁短长。"你感受到了诗中美妙的意境了吗？如果你感受到了，那我要告诉你，接受催眠的最佳心态，就和你刚刚感受诗意时是一样的，是用心去体会的。

怎样引导他人进入催眠：现代催眠与传统催眠

前面我们就说过，其实我们一直就是催眠师，常在生活中带领他人进入催眠。然而，这并不意味着你要满足于现状，因为那毕竟随意性太大，大多数时候，恐怕自己也不知道自己是怎么办到的，对有更高要求的你来说，显然，这不符合你的要求。

你需要对催眠术有更具针对性、更为系统的认识和学习，这才能让你审视过去的做法，并从中学习，保留已有的能力，发展全新的能力，从而做到更具针对性、更有效果。

现代催眠引导的一般程序如下所述。

Step1 发展契合关系

目标是：建立和谐、尊重、接纳、安全、信任，且支持受术者需要的关系。

这部分的工作是非常重要的，会直接影响你后面的引导和治疗是否有效，假如你没有发展出契合关系，就急于开始进行催眠引导，也许你的引导技术非常娴熟，可你仍然会失望地发现没有效果。

在自然催眠现象中，这一点会有些特殊，非人际互动的情况（如电梯催眠、高速公路催眠等）可以理解成和当时所处环境的关系，比如环境是否安全。而人际互动的情况，比如上节谈到和朋友一起吃饭，你谈到小时候去春游的事，引发朋友坠入催眠的情况，除了公共环境外，更多指的是你和对方的关系，是否是和谐、尊重、接纳、安全、信任的，沟通方式是否是契合的。所以，**在人际互动中，催眠现象极少出现在话不投机的朋友之间。**

而在一般催眠关系中，即受术者事先知道将接受催眠引导，发展契合关系则是非常有讲究的，在第三章将会有专门的讨论。

值得提醒的是，亲人、朋友间原本的和谐与信任，往往会不太好用，甚至成为一种阻抗。所以，不建议初学者拿亲人、朋友作为练习对象，以免影响自己建立信心。倘若你实在想运用催眠术帮助亲人或朋友，建议找其他催眠师协助进行，或在自然人际互动中进行，使用间接引导策略会更有效，除非他们主动请求你帮助。

Step2 确定和集中受术者的注意力

目标是：吸引对方的注意力，并测试确定你吸引了对方的注意力。

吸引注意力的方法有许多，只要不会不尊重、攻击受术者，又能吸引他的注意力，那你可以充分发挥自己的能力，任意方法都可以使用。换句话说，此时你引导词的内容并不重要，重要的是能持续地吸引对方的注意力。

如前节例子，你和朋友的沟通说了什么并不重要，只要能持续地吸引对方的兴趣和注意力，那就达到了要求。

Step3 弱化受术者的意识心理

目标是：搁置意识心理过程，减少无意识心理被占用。

弱化意识心理，是为了帮助受术者将意识心理搁置一边，或让意识心理暂时休息，不会干扰转入无意识心理；同时还要减少无意识心理被占用，为转入无意识心理做准备。

平时，无意识除了负责控制正常生理活动外（如心跳、呼吸），还要负责控制各种身体运动（如说话时的嘴唇、舌头等运动）。为了减少无意识被占用，在催眠引导时，一般催眠师会请求受术者，保持一个自然且相对固定的姿势，不用说话，闭上眼，并运用嵌入放松暗示的引导语，引导他全身放松。

为了弱化意识心理和稳定注意力，催眠师会用缓慢、平稳且单调的声音进行引导，使用催眠语言模式编排引导词，还使用伴装问题、附加问题等，为绕开可能的敌对（阻抗），还经常会使用间接方法等。比如让他一次数3个数字，从1000倒数到1等单调且复杂的工作，来占据他的意识心理，起到弱化意识的作用。

而对一些想进入催眠，却又无法摆脱自我意识干扰的受术者，使用一般方法是远远不够的，此时，需使用沉闷、分心、超载、混乱技术等来弱化他的意识心理，在后面会有相关讨论。

Step4 进入无意识心理

目标是：放大无意识心理过程。

遵从无意识心理特点，扩大催眠效果。

催眠引导是连续的过程，分为4个步骤，是为了便于学习和研究，在实际催眠引导操作中，并无明确的界线划分，更多的是相存相融。比如吸引对方注意力的方法，可能同时也具有弱化意识心理的作用；再比如缓慢单调的引导声音既有放松作用，同时又有弱化意识心理的作用等。

再次说明，催眠不是全有全无的现象，是出现催眠信号、放大效果的过程。因此，非要弄清什么时候进入催眠，产生了多少催眠的做法，对心理治疗是无益的。

传统催眠引导的标准程序如下。

Step1 询问解疑

了解受术者的需求，并解答对催眠的各种疑问。

Step2 敏感度测试

传统催眠认为，催眠是暗示的结果，所以在第一次催眠引导前，都会运用敏感度测试程序，测试受术者的暗示易感性。

Step3 催眠诱导

一般有比较固定的引导方法，比如渐进放松法、眼睛凝视法、深呼吸法、想象引导、数数法、手臂上浮法等。

Step4 催眠深化

加深催眠深度，常用方法有手臂下降法、数数法、下楼梯法、搭电梯法等。

现代催眠和传统催眠，因为两者的催眠关系和对催眠的理解不同，决定了在引导时，它们的众多不同。

首先，“发展契合关系”包含了“询问解疑”，又远远超过其工作量和目标。

其次，现代催眠认为催眠是情境的结果，每个人都拥有进入催眠的能力，所以现代催眠没有“暗示易感性”概念，也不存在“阻抗”的问题。

最后，在诱导和深化上，传统催眠有固定的标准程序方法，所以更易学、操作更方便，适合初学者学习；而现代催眠更注重灵活和利用。需特别提醒，**现代催眠只会说明两者的观点区别，而并不会试图刻意去反对或推翻传统催眠，相反，只要有需要，现代催眠师也常常会利用传统催眠的做法。**

每个人都有进入催眠的方法

▼

曾有个女孩找到我，想接受催眠治疗，但又显得很没有信心，无奈地问："我的催眠敏感度/感受性很低，有办法让我进入催眠吗？"我反问："是谁告诉你，敏感度低就不能进入催眠的？"她答："我以前接受过某位催眠师的催眠，没能进入催眠，他告诉我是因为我的敏感度低，在敏感度测试时，看不到他说的苹果。"我接着问："哦……那我想请教一下，假如有一天，你路过一个地方，看见一只母鸡在下蛋，结果下出来一个苹果，不知道你是否会把苹果当成鸡蛋呢？"她笑了笑说："当然不会呀，一眼就可以看出来，苹果是红红的……"我接着问："你说得很好，不知刚才你在描述时，心里是否看到了母鸡下出来的苹果的样子呢？"她想了想，一副恍然大悟的样子："是的，就这么简单吗？"

在为她解答有关催眠的其他疑问时，我发现她对催眠充满好奇，为了避免这种强烈的好奇心干扰她进入催眠，我决定做一些调整。

我说："聊了好一会儿，咱们休息一下吧！"以休息为借口，让她的注意力从催眠中转移出来。

她说："好的。"同时可以看到，她往前倾的身体慢慢向后靠在椅背上，她开始放松。

过了一会儿，我说："我刚刚在来催眠室的路上，看到一群学生很开心地去春游，回想自己做学生那会儿，也会去春游，一群人边走边玩边闹，真让人怀念！"

她答："呵呵，是呀，那时大家都很天真！"从她的回答中知道，她并不拒绝交流这些。

我笑了笑："是的，不知你做学生时春游是什么样的呢？"

她微笑着说："我们那时挺有意思的，大家都玩得很疯……"就这样，运用先跟后带配合着她的描述，很快她就沉浸在过去春游的愉快情境中，深深地坠入了催眠。

▲

所谓催眠敏感度，是"催眠即是暗示"学派提出的一个概念，该学派认为每个人在某种程度上都具有暗示感受性，即每个人在面对暗示时，都会有某种程度的反应，而对暗示的敏感程度，就是催眠敏感度，也称为催眠感受性/易感性。并且该学派认为，敏感度越高的人，越容易进入催眠；敏感度低的人，则不能进入催眠或难以进入催眠。

毫无疑问，暗示会引起人的反应，催眠也需要暗示，但是，催眠绝不仅仅是暗示的结果。合作派创始人艾瑞克森用事实证明，那些被认为不能进入催眠或难以进入催眠的人，在特定的情境中，仍然能很快地进入催眠，因此，**他认为每个人都拥有进入催眠的能力，不同的是，不同的人进入催眠的方法会有所差异**，也就是每个人的个性都是独一无二的。

所以，假如你正在学习催眠术，那你需要抛弃“催眠敏感度低的人不能进入催眠或难以进入催眠”的观点，而需要保持灵活，学会在和受术者的合作中，发现、识别、利用和支持他自己进入催眠的方法，你就能顺利而快捷地带领他进入催眠。比如上例中的那个女孩，对催眠的强烈好奇心干扰了她，让她的注意力集中于催眠师的引导本身，而难以去体验催眠师的暗示性语言，因而进入不了催眠状态，而当我抛出一个不经意的情境，并加之“母鸡下蛋时下出苹果”这样奇特的事时，她就马上看到苹果了。因为敏感度测试程序是以大部分人的反应来设计的，而忽略了个人的特殊性，在证实了这一点后，后面的催眠引导稍加调整，催眠也就水到渠成了。

否则，如果你坚持认为“催眠敏感度低的人，不能进入催眠或难以进入催眠”，你的能力将因此受到限制，把一大部分人都划出自己的能力范围。

说到这里，许多读者或许会困惑，催眠前到底要不要做敏感度测试呢？很多催眠师认为，做敏感度测试的好处是，可以减少受术者的恐惧和焦虑，并让他在测试中建立催眠信心和信任。如果每个受术者的敏感度都很高的话，那确实是这样，但假如经测试后受术者的敏感度很低呢？还能减少他的恐惧和焦虑吗？他还会更有信心吗？可能反而形成暗示，让他以为自己不能进入催眠或难以进入催眠，这是很糟糕的。更重要的是，**测试容易让受术者误认为，自己是被动的，是无能为力的。**

所以，你需要很谨慎，因为这既有好处，也可能会有风险，当你一定要做敏感度测试时，最好也要有比较高明的方法，在测试出受术者敏感度很低时，要设法消除给他带来的负面暗示作用。而我**认为合作派的做法比较妥当，努力发展自己的观察能力，保持灵活，只在受术者要求的情况下作敏感度测试。**

假如你想接受催眠，请你不要相信“催眠敏感度低的人不能进入催眠或难以进入催眠”之类的话，我们都有过类似白日梦的经历，这足以证明自己是可以进入催眠的，**催眠敏感度低只是说明你的独特，催眠师的引导需要更灵活而已。**

催眠深度级别及注意事项

催眠深度，是指沉浸于催眠状态的程度。在不同的催眠深度下，受术者会表现出不同的心理和生理特性。比如：肌肉放松、时间扭曲、空间扭曲、感觉变化、痛觉阻断、正负幻觉、健忘等。因此，当受术者在催眠中完全不记得自己的姓名，以及当受术者在催眠中痛觉被阻断时，催眠可代替麻醉药，进行无痛拔牙、无痛分娩等。

按催眠试验方法不同，有多种催眠深度划分方法，一般有两种划分方法比较常用，一种是简单实用的三分法；另一种是催眠治疗师更常使用的、更为详细的Arons六级催眠深度划分法。

◎简单实用的三分法

浅度催眠特点：意识心理得到一定程度的弱化，无意识心理得到放大，较少对抗和主动意识的干扰，愿意跟随催眠师的引导，同时对引导表现出较好的响应，心理逐渐变得更具开放性；肌肉松弛、身心放松且平静，受术者因自我感觉清醒，常认为自己没有进入催眠状态。

中度催眠特点：意识心理得到较大程度的弱化，无意识心理得到进一步放大，开始出现恍惚感，不再主动干扰催眠师的引导，各种催眠特征都呈现出来，对催眠指令有比较好的响应，受术者处于一种非常放松平静的舒服状态中，**此时催眠师可以直接对受术者下达去掉心理症状的指令，来进行心理治疗。**当进入中度催眠状态，即使催眠师不下达任何指令，也具有良好的心理减压和身体放松效果。

深度催眠特点：意识心理大部分被搁置，无意识表现极为活跃，受术者深深地沉浸在放松、自由开放的无意识状态中，对催眠师的指令有非常好的响应。一般认为，**深度催眠适合解决无意识深层问题，实际中，更多地应用于辅助创作、创意等，而较少用于心理治疗。**

◎Arons六级划分法

第一级催眠深度：受术者感觉自己完全清醒，也并不认为自己进入了催眠状态，只是轻度放松，身体的小块肌肉对暗示有反应。对眼皮胶黏测试表现良好，较适合进行体重减轻、戒烟等辅助性心理治疗。

第二级催眠深度：受术者身心比较放松，并可以出现恍惚感，较大块的肌肉开始对暗示起反应，对手臂僵直测试表现良好。

第三级催眠深度：受术者全身的肌肉都对暗示有良好反应，肌肉僵直、痛觉能部分阻断、出现健忘现象等，无意识变得更加开放，受术者容易误认为受控于催眠师。**临床心理治疗的大部分工作，一般都在三级深度以内进行，而催眠秀表演，则一般需在三级深度以上进行。**

第四级催眠深度：痛觉阻断比较彻底，触觉较完好，健忘现象严重，比如暗示受术者遗忘自己的姓名、性别、住址等，会有良好的反应，当然，这并非永久消除记忆。一般较多应用于牙科治疗、外科小手术时代替麻醉药。

第五级催眠深度：出现完全麻醉现象，即痛觉、触觉完全阻断，受术者体验到一种类似梦游的状态，并且**出现正性幻觉现象**。正性幻觉，也就是可以看见本不存在的东西，比如暗示受术者空白的墙上有一个挂钟，他便感觉真的能在空白墙上看到一个挂钟。

第六级催眠深度：受术者体验到一种类似梦游的状态，并且**出现负性幻觉现象**。负性幻觉，也就是可以看不见确实存在的事物，听不见确实存在的声音，比如暗示受术者看不见放在他面前的桌子，他会坚持认为看不见桌子，而要求他往前走时，他却能避开桌子绕着走。

从人群分布比例来看，一般认为约20%的人群能达到一、二级催眠深度，约60%的人群能达到三、四级催眠深度，而只有约20%的人群能达到五、六级催眠深度。

上述观点是“催眠即暗示”学派以统计概率为基础，以固定引导程序所得出的实验数据，这种固定引导程序忽略了人的特殊性。合作派艾瑞克森用事实证明，每个人都拥有进入催眠的能力，且每个人的方法都是独特的。所以，这只可以作为一种参考，保持灵活性才是关键，假如敏感度测试显示，你的受术者连一级催眠深度都难达到，这并不代表他不能进入催眠，而只是提醒你，使用常规引导手法将难以见效，而需要根据他的实际情况做出调整，效果才会产生。

催眠深度并不是固定不变的，在催眠治疗过程中，它总是起伏变化的，这种起伏并不总是和你的引导有关，也会受其内部经历或自然环境等所影响。所以，如果你的治疗一定要在某个深度进行，那你需要保持对它的敏感，一旦发现受术者出现苏醒的信号，即可依实际情况进行引导调整。

需要注意的是，催眠深度的划分，只是为了方便催眠师识别、开展自己的工作。如果读者想要接受催眠治疗，请勿以催眠深度作为检验催眠师工作的标准或要求你的催眠师，这不但会妨碍催眠师的正常工作，还会给自己形成不利的暗示作用。

别迷信催眠深度，催眠宽度才决定治疗质量

有一个小伙子在追求女孩时，几次都因为缺少自信，不敢对女孩表白，结果最后女孩成了别人的女朋友，为此他感到很苦恼。为了让自己变得自信一点，他毅然辞掉了自己的工作，进保险公司做了一名保险业务员，因为他打听到那里有很好的培训，可以让自己自信起来。

然而，他失望了，在培训及早会中，当跟着培训师和同事在音乐的带动下，唱着“我真的很不错，我真的很不错，我真的真的真的真的真的很不错……”等一些激励歌，当时确实感觉还不错，也似乎变了个人似的挺自信。然而当他回到家，自己面对自己时，心里就会冒出一个声音：“我到底哪里很不错？没哪里很不错呀！喊不错就真不错了？我这不是自己在骗自己吗……”就这样，在公司里唱歌时，感觉真的很不错，而回到家，他还是那样缺少自信。

也不知他从哪里了解到，在深度催眠下，催眠师可以给受术者植入全新信念，让人马上产生改变。这一资讯让他心里仿佛看到了希望，于是找到我，请求给他做深度催眠，植入全新的信念，建立自信。

▼

他："老师，我想请你给我做一次深度催眠，然后给我植入一些全新的信念。"

我："你想植入什么样的全新信念呢？"

他想了想："我真的很不错！我很棒……"

我："嗯，假如在深度催眠中，成功给你植入了这些全新的信念后，你肯定会坚信自己很不错、自己很棒，是吧！"

他："是的，那时我会坚信自己很不错、自己很棒，很有自信。"

我："嗯，是的，我知道那自信满满的感觉真的很不错，只是我想请教一下你，植入全新信念后，你到底哪里会变得很不错呢？"

他："这……"他想了好一会儿，还是答不上来。

▲

时下，不少读者和催眠师都有意地放大了催眠深度的效用，或许得益于催眠秀表演带来的幻想，借着催眠深度越深，则暗示性越好的规律，在进行催眠治疗时，他们必须把受术者引导到深度催眠状态中，并且深度越深越好，然后直接给受术者发出去掉症状的指令，植入全新信念的指令，来进行心理治疗。在他们看来，必须进入深度催眠，才能取得良好的治疗效果。用一句形象点的话来说，假如不能把受术者深度催眠，那他们就什么也做不了。

结果，他们可以很快就获得奇迹般的效果，受术者的症状仿佛一夜间就全消失了，然而，就在催眠师和受术者欢呼庆祝后不久，受术者会发现自己的问题再次出现了，或者原来的问题虽然没有再出现，却无端地冒出了新的问题。比如一个强迫检查门窗的患者，在“治疗好”后不久，虽然不再强迫检查门窗了，却开始了强迫洗手行为。也正是这样，当年弗洛伊德的挫败感非常强烈，于是断然离开催眠领域，转向研究精神分析，在他看来，催眠治疗的效果通常只是短暂的。

事实上，这种认为必须进入深度催眠状态，才能取得良好治疗效果的观念是错误的，其错误和上例中的那个保险业务员一样，只是单纯地依靠深度催眠下暗示性好的规律，试图通过直接改变旧信念或植入新信念来强制转变行为，而忽略了信念的系统性和关联性，其结果常常就是“头痛治头，脚痛治脚”。想想看，假如一个人看不到自己的能力，却被强制改变成相信“我真的很不错/我很棒”等，那不但不能解决问题，反而会形成内部矛盾和冲撞。

在催眠发展过程中，艾瑞克森留意到了这一点，于是他把注意力从催眠深度转移出来，而更多地关注受术者在催眠中取得了多少成长，获得了多少自我提升，学会了运用多少自身拥有、以前却忽略了的智慧资源等。同样以上面那个保险业务员为例，艾瑞克森的做法是让他更多地参与催眠中，并学会识别、接纳、尊重他自身的学习模式，并支持、鼓励自我探索，然后给他营造一个成长的催眠情境，当他置身于这个催眠情境时，他会慢慢地看到自己更多的能力，然后自动重构内在信念，建立自信。

这样产生的改变，是有“根”、有依据的，是实实在在的自然改变，**而这种全新的做法和以前不同，注重催眠的宽度，而非催眠深度**。请看接上例的沟通示例。

▼

我：“为了改变自己，你毅然辞掉了原来的工作，并做了一名保险业务员，同时在发现保险内训对你建立自信帮助不大时，又找到催眠治疗来帮助你，很少人有这样的勇气，不知你是怎样做到的？”

他：“呵呵，自己的不自信，不单在追求女孩子这个问题上，其实在工作上也受到了影响，如果继续这样下去，那就只能‘老大徒伤悲’，所以我得阻止自己这样下去，一狠心就辞了原来还算不错的工作……”可以看到，当他在描述这些时，声音开始变大，语气也开始变得越来越坚定。

我：“你知道吗？有太多人下不了这样的决心改变自己，这确实需要很大的勇气，所以说，你真的很不错。”

▲

只见他的头不自觉地偏向右边，同时轻轻地点了点头，这让我知道他对自己已经有了一些新的认识。而通过一段时间的催眠治疗后，他对自己各方面的能力有了更多的认识，人也自然变得自信起来了。

所以，别再迷恋深度催眠，催眠宽度才决定心理治疗质量。

Chapter3

学习催眠就是这么简单

催眠环境的选择和布置

催眠是情境的结果，情境的营造直接影响着催眠状态的产生和效果的达成，而自然环境也是情境的一部分，易感的自然环境有助于催眠活动的进行。本节重点讨论自然环境的选择和布置，以及在催眠中，当自然环境发生突然变化，比如电话铃声响起时，怎样进行相应的处理，以避免催眠受影响。

根据催眠引导及目标探索的需要，在过程中受术者需要达到一定程度的放松状态，所以，一般认为当催眠环境符合以下几个条件时，会更有利于催眠活动的进行。

◎安全舒适

安全主要指地理位置和环境布置，比如，你的催眠室内布置尽管很得当，但假如它在地理位置上位于环境、人群比较复杂的地段，那往往容易给来访者不安全感，因为许多有心理问题的来访者，原本就觉得自己力量感不足，而当他第一次来到这陌生的环境时，很容易产生不安全感，所以催眠室较适宜选择在容易找到、周边环境安全的地段。当然这也没有绝对的标准，比较有效的做法是，在选定位置后，可以邀请一些没有到过这个地方的朋友，做亲身前往的实地体验。

而如果你是运用催眠术来进行亲子教育，一般家里即是安全的环境，个别父母有暴力倾向、过度批评等特殊情况，家里容易给孩子压抑感，建议另择环境；如果对象是成年家人、爱人、朋友等，则可以选择环境相对安静优雅的休闲场所，比如咖啡厅、茶馆、高尔夫球场等，甚至是独立的台球室。因为这些情况下的催眠运用不同于普通的催眠治疗，一般是较为间接的人际沟通式催眠。

在室内环境的布置和选择上，**如果是专门的催眠室，建议以简单、单调为主体风格，这样不容易分散来访者的注意力，有利于他专注于和你的沟通**。一般可以为来访者提供一个长条沙发，这不但可以为他提供调整安全距离的空间，还可以在他要求躺卧时提供可能，还可以添加一个茶几、一张有靠背的催眠师座椅、一个放着心理学书籍的简单书架，其他物品可适当添加，比如让人平静的墙画等，但不能破坏整体的简单、单调感。沙发的摆放宜靠近催眠室的门，给来访者撤退的方便感，从而让他感觉更安全；然后是可调温的空调，可调亮度的灯光；如果经济条件允许，还可增加调节整体冷暖感的元素，以及可播放轻音乐的音箱设备。催眠室的面积以10平方米左右为佳，太小易给人压迫感，太大容易给人空旷感，对有失落感等的来访者不利。

如果是人际沟通式催眠，环境的可布置性会较弱，也无须做太多改变，只要不会太杂乱无序即可，因为此情况有亲人、朋友的信任关系作为基础，环境只要能让大家感觉较为放松即可。

所以，地理位置的选择和环境布置没有绝对的标准，以催眠对象的需要为导向，就不会出错。

◎相对安静或规律变化的声音

选择催眠室时，还要考虑周围的噪声因素，绝对避免噪声不太现实，事实上，过于安静的环境有时同样也是不利的，因为我们常把非常安静的地方比喻为幽静，会给人神秘感、空旷感和恐惧感，而有一点噪声反而可以给人真实感，所以，相对安静的环境即可。

在催眠活动中，一般是较忌讳突然出现高分贝噪声的，所以，建议催眠室做一定的隔音工作，比如可以使用汽车的隔音棉镶嵌于门缝，进行这样简单的隔音改进后，就可以有效防止外界突然出现的高分贝噪声对正在进行的催眠造成影响。

另一点需要说明的是，噪声不等同于声音，变化相对规律的声音，比如机械钟规律而单调的滴答声，一般不认为是有害的噪声，很多时候利用好，反而是可以促进催眠的，所以，在人际沟通式催眠中，因为更多选择较为天然的环境，所以只需外界的声音不会变化性太大就好。在特殊情况下，比如在火车上给朋友做晕车催眠，实践证明甚至可以利用火车行进时轮子和铁轨摩擦发出的规律且有节奏感的声音来做引导。

◎灵活地引导处理

尽管对催眠环境做了细致的选择和布置，然而，有时仍然不可避免地会遇到一些突然的噪声，比如来访者的手机突然响起，外面突然响起的汽车喇叭声等。面对这些情况，如果你可以做一些相应的调整，仍然可以减少干扰或避免受到影响。

首先，提升自己的催眠引导能力，只要你做好准备并有足够能力吸引对方的注意力，催眠照样可以进行。在进入中度以上催眠时，对于出现突然的噪声，如果你发现受术者没受影响，可稍作停顿后继续进行；在催眠引导初期，出现突然的噪声时，回避一般是不恰当的，容易给受术者被忽视感，催眠师要保持平静，然后运用跟随和合并法则，也是比较容易处理的，比如外面突然响起汽车喇叭声，你可以这样做调整："你可以听到外面响起的汽车喇叭声，同时也可以听到我说话的声音……"前一句是对噪声的跟随，而后一句则进行了合作和转移。

其次，**在较深的催眠状态中，也可以把外界的噪声合并到催眠情境中**。这是什么意思呢？前面我们曾讨论过，在催眠中，受术者会出现感觉变化和扭曲现象，这其中也包括声音的变化和扭曲，所以，如果你的催眠情境是乡下的家，那你完全可以把外面突然响起的汽车喇叭声，比喻合并成是催眠情境中家里公鸡的叫声。

以什么样的状态实施催眠会更有效

催眠同时也是一个心理互动的过程，在心理互动过程中，总是会相互影响的。催眠师不恰当的做法，小的可以影响来访者进入催眠，大的可以影响催眠效果，本节将重点讨论催眠师的基本操作守则。

◎坐姿舒适

来访者和催眠师都要坐得舒适，才有利于身心放松。一般认为，水平的姿势不利于来访者进入催眠及自我学习，所以推荐来访者挺直坐好，不过如果感觉挺直坐着不舒服，也可以采用其他姿势，比如躺着。催眠师在催眠活动中，自身的存在也会被当作交流工具，也就是催眠师自己也是情境中的一部分，所以，舒适的坐姿有利于催眠师充分发挥。

◎**身体距离**

在面对面催眠时，催眠师和来访者保持多远的距离会比较合适呢？如果距离过近，容易让来访者产生紧张感，而如果距离过远，又会弱化双方合作的“伙伴感”。

一般认为，对运动型的来访者，催眠师和来访者的距离保持在60~90厘米比较合适；对视觉型的来访者，催眠师和来访者的距离保持在90~120厘米比较合适；对听觉型的来访者，催眠师和来访者的距离保持在90~150厘米比较合适。

当你无法判断来访者所属类型时，最简单的方法是在谈一些无害问题时，缓慢向来访者靠近，当他的身体开始往后倾或往后退时，你就往后退回一点，此时一般就是最佳的距离。

◎**着装穿戴**

应避免穿着纹理太复杂且花哨的服装，给人平易近人的感觉即可，一般可以选择商务T恤、衫衣或西装。而对个别较自卑的来访者，催眠师穿着随和一点是很重要的，这会使与来访者的沟通交流更容易，也有利于来访者自信心的提升。同时这里要说明一点，在着装穿戴上，独裁派一般会建议催眠师穿着给人有威严感的衣服更好。

◎**自我状态检查**

催眠师的紧张感和不舒适感是会通过非语言的方式传达给来访者的，从而影响催眠活动的进行，所以，催眠师需要时常审视自我，进行自我状态的检查，一旦发现自己身体或情绪上存在紧张感，则马上进行调整，让自己放松下来。

◎**来访者状态检查**

来访者的真实状态及变化，是催眠师进行灵活调整的指南针，所以，在进行自我状态检查的同时，你还需要更多地留意来访者的状态变化，比如他的呼吸模式变化、身体姿势、肌肉紧张变化、情绪状态等。

◎**轻松舒适地呼吸**

在放松的状态下，你才能集中关注来访者，这需要你保持规律而缓慢的呼吸，最好是腹部呼吸模式。当你学会快速而自然地调整自己的呼吸节律时，你可以保持和来访者同步的呼吸模式，这会让你很快发现，你的引导会变得更轻松自如，然后你会有趣地发现，当你调整自己的呼吸节律时，他也会不自觉地跟上你的呼吸节律。

这一点其实在日常的人际沟通中也常出现，比如面对一个说话速度很快的人，假如你以很慢的速度说话，那你会发现他和你较难谈到一起去，而当你改变自己的说话速度配合对方一段，建立一种自然默契后，你再逐渐放慢自己的说话速度，他也会跟着放慢说话的速度，而在这个过程中，语速的调整正好和上面说的过程是一样的。这一点可以为你在日常生活中训练自己调整呼吸提供机会。

◎目光接触

在催眠过程中，保持目光接触是很重要的，你可以训练一种特别有效的技术，要点是将你左眼的视线聚焦，如同穿透来访者的左眼，停留在他身后约30厘米处，这有利于你吸引来访者的注意力，而你的右眼视线则聚焦于他前方约30厘米处，以方便你观察他的身体语言变化。

这种技术让你同时需要完成两项工作，一来方便吸引来访者的注意力，二来观察他的身体语言变化，在开始的时候，你会感觉做起来很不容易，甚至会有一种迷失感，但慢慢你就会发现它会给你带来很大的用处。很重要的一点是，这个过程中，不要试图去解读你观察到的变化，因为你要学着把这一切工作交给你的潜意识来完成，不然你会发现这会大量占用你的意识心理，让你的引导工作变得困难。

◎自由地表达

什么是自由地表达？简单说就是我们常说的不经过大脑思考的直

接表达，我这么说或许会让一些读者感到困惑，如果那样，那岂不是变成一个没有脑子的催眠师了吗？还怎么帮助他人呢？

其实不然，催眠师在催眠中需要完成的工作量非常大，如果全都交由我们的意识思维去处理，这几乎是不可能的，即使勉为其难地进行，也会大量占据你的意识思维，让你无暇处理其他工作而陷入困境。而我们的潜意识有巨大的潜能，且非常擅长处理这些事务，更重要的是这不会占用意识思维，所以，我们要充分开发和利用自己的潜意识潜能，来为自己的催眠工作服务。

在开始的时候，你也许会感觉这很难，而当你坚持练习一段时间后，你就会发现自己可以智慧地、创造性地自由表达和出色地完成各项工作了。

当然，因为自由地表达容易带上个人的信念、情绪色彩等，所以，你还需要进行自我心理素质的提升，这在后面章节中会有专门的讨论。

边学边玩，作催眠敏感度测试

按“催眠即是暗示”理论，可以根据暗示感受性，将人划分为不同的易感级别，并对应地代表可以进入不同催眠深度级别。测量评定易感级别的方法，就是本节将要学习的催眠敏感度测试，下面介绍具体的操作。

Step1 测试介绍

为防止来访者受预期心理干扰，一般不会直接告诉他将要进行敏感度测试，而是会把测试解释为“游戏”“很有趣的事”等，比如可以这样介绍：下面我们来做几个很有意思的游戏，你将会从这几个游戏中，感受到自己潜意识非凡的能力。

Step2 测试前放松引导

在正式测试前，需要对测试对象进行简单的放松引导，当他在较为平静和放松的情况下，才能对测试有比较准确的反应，下面是一则常用的放松引导词。

示例：闭上眼睛进行，能更容易感受游戏的乐趣，所以，当你准备好后，就轻轻闭上眼睛，并开始放松自己……你可以从做深呼吸开始放松……吸气……尽可能地深长一些……呼气……感受身体的放松……对，就是这样；只要你足够留意，很容易发现，在呼气……时，你的肩膀会更容易放松……而当肩膀放松下来，头部……脸部……背部……双手……双脚……也会渐渐自然放松下来……对，很好……吸气……呼气……你可以发现，你越放松……就会越平静……越能感受到自己的细微变化……比如能听到自己呼吸的声音……这会让你更好地感受自己潜意识的能力……是的，就这样……继续放松自己……

Step3 具体测试项目

【催眠敏感度测试示例1：苹果观想】

当受术者进入放松状态后，紧接着可以这样引导：

现在，请想象在你面前，出现一只苹果。请你看清楚这是一只什么样的苹果，包括它的颜色和大小，当你看清楚时，请告诉我。

一般认为，假如受术者能清楚地看见苹果的色泽、大小，并且图像是稳定、清晰的，那表示他的图像观想能力很好，在催眠引导时，使用视觉语言风格会更有效，即“这个主意看起来不错”比“这个主意听起来不错”会更有效。

你也可以试一试，吸纳现代催眠的做法，修改引导词，也许效果会更明显：

假如我现在拿一个苹果和一根香蕉放在你面前，你肯定能分辨出来，哪个是苹果？哪根是香蕉？不是吗？因为你可以清楚地看到，它们的颜色和大小都不一样。现在，我想请你告诉我，你刚刚在心里看到的是一个什么样的苹果？

和第一种引导不同的是，第二种引导营造了一种情境，没有出现“想象”字眼，更间接地接近自然。只要你留意一下，你还可以将测试嵌入许多情境中，再比如：在你逛超市时，很容易就能找到卖苹果的地方。

【催眠敏感度测试示例2：手臂上浮】

当受术者进入放松状态后，紧接着可以这样引导：

现在把注意力全部集中在右手，等一下我会慢慢从1数到10，每数一个数字，你就会更轻松、更舒服，你的潜意识也会更加开放，可以对我所说的话完全无反应。等我数到10的时候，你会忽然感觉到有一

股力量使你的右手开始举起来、飘起来，直到手臂举到最高点为止。

当你的右手开始动起来时，我要请你不要压抑它，也不要控制它，你就保持科学家做实验时客观观察的态度，看看你的右手可以自己举到多高的程度。

1，2，3，4，5，6，7，8，9，10

从手臂是否举起来以及举起来的速度和高度，就可以简明地判断受术者的催眠敏感性。

练习总是很重要的，你现在可以像上例一样，尝试修改一下引导词，将暗示信息嵌入一个情境中，有条件的话，还可以采用上述两种方法，给10个朋友试试，看有什么样的不同。

【催眠敏感度测试示例3：数字障碍】

当受术者进入放松状态后，紧接着可以这样引导：

接下来，我将从1数到5，我每数一个数字，你都会更放松，进入更深的宁静状态，同时，你的潜意识也将变得更加开放，更愿意展示它的能力。所以当我数到5的时候，它会给你一个惊喜，让你在数数字时会忽略某个数字，即使心里知道它，却发不出它的读音来，并跳过这个数字继续往下去数，同时你会因为感受到自己潜意识能力的强大而很开心。

请留意，一会儿我让你睁开眼，从1数到5，当你数到数字4时，你将会发不出这个数字的读音，即使心里知道，可就是读不出声来，于是跳过这个数字继续数到5，数成1，2，3，5……1，2，3，5，同时，你会为这惊喜的发现很开心，1，2，3，5……

好，请留意听我倒数：

1……这是你的潜意识展示自己能力的机会，可以支持它

2……当你从1到5数数时，你的潜意识会让你忽略掉某个数字，发不出它的声音，数成1，2，3，5……1，2，3，5……

3……你会从中认识潜意识的能力，即使心里知道，却发不出它的声音，数成1，2，3，5……1，2，3，5……

4……对，就像我这样，心里明明知道，可就是发不出它的声音，数成1，2，3，5……1，2，3，5……

5……惊喜就要出现了，1，2，3，5……

现在，请睁开你的眼睛，从1到5数一遍看看。

传统催眠认为，受术者若能成功通过数字障碍测试，将会对自己能被催眠充满信心。

有特定暗示反应的测试，请勿遗忘测试工作完成后，要解除暗示：

请再次轻轻闭上眼睛，接下来，我将从5倒数到1，当我倒数到1时，你就会恢复到原来的状态，又能像原来那样，数成1，2，3，4，

5了。

请留意听我数数，5-4-3-2-1。

催眠敏感度测试的方法还有许多，比如眼皮胶粘测试、肢体僵直测试、舌尖柠檬测试、双手扣紧测试、身体摇晃测试、痛觉阻断测试、正性幻觉测试、负性幻觉测试等，如你需要它们的引导语，很容易在网上查找到。

一分钟上手，最简单的催眠引导方法

许多读者认为，引导他人进入催眠需要很高超的技术和功力，其实不尽然，许多催眠师通过临床实践，也编写出了许多相对固定的引导方法和引导词，具有易学易懂易用的特点，非常适合催眠初学者使用，不夸张地说，一分钟你就能学会使用。

这些固定的引导方法和引导词，通过临床实践检验，只要灵活运用，对约60%的人有效，在对同一个人第二次运用时，最好视情况做一定的灵活调整，会更有效。

值得提醒的是，有固定的引导词给你使用，并不代表只需照本宣科，受术者就会自动进入催眠状态。能把整本钓鱼秘籍背下来，和钓鱼高手并不是一回事，所以，你还需要在大量的练习中，提高自己的实际操作和灵活变化能力，这样才能提高你的自信心和成功率。

下面我们就来学习运用最简单实用的渐进放松引导法。

◎渐进放松法介绍

渐进放松就是一步一步循序渐进地引导来访者进行全身放松的过程。一般是从上至下，即头部到脚趾头；从外到内，从外部的嘈杂声到内部的呼吸、心跳声等。来访者在渐进放松引导过程中，会渐渐步入浅催眠状态或中度催眠状态。

一般按从上往下的顺序：头皮、眼睛、面部、鼻子、嘴、耳朵、下巴、脖子、肩膀、胸部、双手、背部、腹部、臀部、大腿、小腿、脚掌等。一般来说，当下巴和肩膀两个部位放松下来，那么其他部分也就会跟着放松，否则，其他部位会较难放松，也就较难进入催眠状态。

除了单调的声音外，开始时，语速要先跟上来访者的速度，然后再逐渐地放慢，**音调要和“暗示语”相配合**，比如在说“放松”这个词时，音调上自然也是往下沉的；同时，比如“放松”这个词配合来访者呼气时读出，会更有效，因为对身体而言，呼气是放松，吸气是收紧。

当在催眠引导过程中遇到意外情况，比如电话铃突然响起，要注意依进度情况进行合并，以免受影响。最简单的引导语是：电话铃响了，却不会影响你更深地沉浸于放松之中。

◎**渐进放松法示例引导词**

通过询问解疑，催眠敏感度测试之后，请对方坐下来或躺着。

你可以调整一下自己的姿势，当调整到最舒服的姿势时，就轻轻地闭上眼睛，然后开始放松自己。你正坐在/躺在这里，并且闭上了眼睛，这样可以更专心地听到我说的话，为了在这个过程中，我们能随时保持联系，请你允许我的声音像影子一样伴随你。

通常，这时催眠师都会让你开始做缓慢的深呼吸，这能让你更好地放松……心能很快静下来……那我们来试试看，吸气……呼气……吸气……呼气……很好，就是这样……

［同样是引导深呼吸，灵活地换种说法，会显得更自然，特别是事先了解引导流程的受术者，这就自然进行了合并；再比如第二次引导时可稍修改：你已经知道，接下来我会请你做缓慢的深呼吸……］

你也不必放松……得太快，因为在你更放松之前，我还有些话需要告诉你，我不知道你会在10分钟后进入催眠……还是会在15分钟后进入催眠……又或是其他你认为合适的时候进入催眠……这随时都可能会发生，我只知道，你将会在全身放松……并且感觉安全的情况下……才会进入催眠……在这个过程中，你是自由的……

［暗示催眠随时可能发生，就在接下来的10多分钟里。］

接下来，就请跟随我的声音，进行全身的放松……

放松你的头部……当头部放松下来，会感觉更宁静……

放松你的眼睛……当眼睛放松下来，会感觉更平静……

放松你的面部……当面部放松下来，会感觉更轻松……

放松你的下巴……当下巴放松下来，会感觉很舒服……

放松你的肩膀……当肩膀放松下来，很容易有种气球泄气的感觉，全身都松下来……

放松你的背部……当背部放松下来，会感觉更轻松自在……

我不知道，你会先放松你的左手……还是右手……我也不知道，你的左手会更放松，还是右手会更放松……这并不重要，重要的是，你几乎全身都很放松了……

放松你的臀部……当臀部放松下来，会感觉更宁静……

我不知道，你会先放松你的左脚……还是右脚……我也不知道，你的左脚会更放松，还是右脚会更放松……这同样不重要，重要的是，你全身都已经非常放松了……

你现在全身都已经非常放松了……可以好好享受放松带来的平静……只是这很容易让人沉浸……其中，彻底放松自己身体的每一部分……不想动……也懒得动……只是静静地……听着自己的呼吸声……感受呼吸时，腹部起伏变化的轻松……

本引导词并没有完全引用原始版本，而是进行了一定的修改，因为原始版本网上随处可以查到，催眠引导录音也随处可以下载，很多人都已经看过或体验过，往往容易受预知心理所影响，所以，这里进行了一定的修改，实践证明，效果还挺不错。

而对一些明知道看过原始版引导词的受术者，我一般则会更直接一些，比如：我知道你熟悉渐进放松催眠的引导流程，甚至引导词背得比我还熟练，所以，我想请你做我的老师，现在就从头部开始往下……放松你身体的每个部分……

如果引导已经进行了，你才发现这一情况，却又不是非常确定，只是对方的身体语言告诉你，他的意识挺活跃，那你不妨借鉴“夜钓”技术，比如：也许你知道我接下来会怎样引导，也许你很好奇接下来我将会说什么。然后，观察对方的身体语言反应，比如刚好对方确实有这种好奇心，那当你说到第二句时，很可能他会笑一下。

其他引导方法的引导词，你可以从网络上查找到，如果你想更多地锻炼自己，更快熟练地运用，不妨也尝试自己修改一下。

常见的催眠深化技巧

在催眠治疗及其他催眠应用中，常需要在中度或更深的催眠深度下进行，特别是对传统催眠师更是如此，因为他们需要在深度催眠中，通过直接给受术者下达去除症状的指令来做治疗。这些都要求，不管是哪个学派的催眠师，都需要掌握扩大催眠成果的深化技巧，有快速将受术者引导至中度或深度催眠状态的能力。

前面我们曾说过，催眠宽度对心理治疗更有价值，但这并不意味着现代催眠认为催眠深度无用，或现代催眠师不需要学习催眠深化技巧，只是提醒初学者，不要过分迷恋和追求催眠深度，以免限制你的能力，除非你只是想学习催眠秀表演。

下面给大家介绍几个常见的催眠深化技巧。

◎手臂下降法

这个催眠深化技巧具有简单、实用、高效等特点，深受催眠师喜欢，是最常用的催眠深化技巧之一。催眠深化的过程会配合受术者的手臂自动下降，受术者的体验感更强。

下面是具体的手臂下降深化技巧示例，在你需要进行催眠深化时，完全可以按原引导词进行，或熟练后用自己的语言来表达。

在你要进行催眠深化时，先提醒受术者：“等一下，我会把你的右手轻轻举起来。”然后轻轻抬起他的右手，如来访者是躺着，是垂直的姿势，如是坐着，则是平行的姿势。

抬起他的右手后，说：“就这样，让手自然保持这个姿势。”

稍等片刻后，然后解说：“等一下，当我放开你的右手时，让你的右手跟着自己的感觉，一点一点地自然放下来，在这过程中你会发现，你的右手每放下来一点，都会感觉更放松，更愿意体验这份放松。当你的右手全部放下来时，你会进入比现在深两倍的催眠状态。”到底是几倍，你可以依需要修改。

然后，轻轻放开他的右手，同时你可以进行跟随：“手臂每往下放一点，你都会感觉更放松……”

最后，解说：“现在，你已经进入了深两倍的催眠状态，可以好好体验这份轻松自在。”

如果你认为还没达到你想要的催眠深度，可以再做一次，或换其他催眠深化手法。需提醒的是，因为涉及肢体接触，如果来访者是异性，最好征得对方同意后再进行，以免遇到不必要的麻烦。

◎下楼梯法

这是一个很常用也很好用的催眠深化技巧，效果非常不错，能快速将受术者引导至比较深的催眠状态。

接下来，我将会从5倒数到1，当数到1的时候，你会不知不觉地来到一个通往安全地下室的楼梯口，当你来到楼梯口时，请轻轻地动一下你的右手大拇指，如果你不喜欢地下室，现在请你轻轻地动一下左手大拇指，我就知道了。

请留意听我数数：5-4-3-2-1。

【在观察到他右手大拇指的反应后，继续后面的操作，如观察到左手大拇指反应，则应马上停止并更换其他深化技巧。】

非常好，这是一个很安全的地下室，如果有需要，你可以通过墙上的开关，打开楼道上的灯光……接下来，我将会从10倒数到1，我每数一个数字，你就往下一级楼梯，而每往下一级楼梯，你都将会感觉更放松……更轻松自在……当我数到1，你下到地下室时，你将比现在进入深两倍的催眠状态……

10-9-8-7-6-5-4-3-2-1［缓慢倒数］

你已经进入比刚才更深两倍的催眠状态，感觉非常轻松……

在运用下楼梯深化技巧前，最好征得来访者的同意，询问他对地下室是否有特定的恐惧，如果有或不愿意，则应更换其他深化技巧。

◎间断休息加深法

假如你不想那么麻烦，那间断休息加深法是最简单易用的选择。

【第一步：引导进入休息】

接下来，我将会给你一些时间，好好地享受这轻松自在的感觉，你可以充分地沉浸于其中，好好地休息……你每多休息一会儿，都会感觉更放松，进入更深更轻松的催眠状态……请等待我的声音再次回来……

中间给来访者休息的时间不宜过长，一般控制在3~10分钟为宜，时间过长容易转入自然睡眠或过深的催眠状态，不宜开展你的心理治疗工作。

【第二步：重新建立联系】

我的声音回来了……慢慢又能听到我的声音了……慢慢又能听到我的声音了……当你听到我的声音时，请给我一个信号，轻轻动一下你的右手大拇指，我就知道了……

除了上面介绍的催眠深化方法外，常见的催眠深化方法还有搭电梯法、过隧道法、数数法等，如果你需要，在网上可以很容易查找到。

催眠结束和效果巩固

在完成催眠治疗工作后，就需要结束催眠工作以及进行必要的效果巩固，本阶段可以分为两个步骤。

◎结束催眠

结束催眠就是把来访者带出催眠状态，也就是常说的催眠唤醒，这个过程通常需要10~15分钟，包括效果强化、催眠后暗示、一般性或特殊性记忆缺失指导、催眠唤醒。

通常，在结束一次催眠时，都会对催眠效果进行强化，即自我欣赏暗示，这会让来访者醒来后，更加坚定自己在催眠中的学习，从而使效果更显著。比如可以这样引导：这是一次很有价值的学习，在这次自我探索中，你对自己的能力也有了更多的认识，这些新的认识是非常重要的，将会在以后的生活中，帮助你建立新的生活方式。

如果你下次还需要引导来访者进入催眠，为节省时间，下次无须再次重复引导，那你可以在第一次催眠结束时，建立一个催眠后暗示，比如可以插入这样的引导：当下次我让你闭上眼睛时，你将会很快再次进入这种放松的催眠状态/当你下次听到我这样的指令时，你将会很快再次进入这种放松的催眠状态。而在你最后一次为来访者做催眠治疗，结束催眠前，请记得解除这个催眠后暗示。

参考唤醒词：

接下来，我将会从5倒数到1，当我数到1时，你就会完全清醒过来，回到当下，请留意听我数数。

5……很放松……很舒服……

4……渐渐清醒过来……

3……越来越清醒……渐渐又能听到外面其他的声音了……渐渐身体又能感觉到室内的温度了……

2……越来越清醒……你可以轻轻地动动自己的手……动动自己的脚……

1……请睁开你的眼睛，完全清醒过来……

◎效果巩固

在催眠唤醒后，为了进一步巩固效果，一般还会进行10~15分钟的沟通，进行来访者催眠体验讨论、布置家庭作业、自我催眠指导等，这些需要根据你的治疗理念和来访者具体的情况而定。

利用来访者已有的催眠经验，快速引导进入催眠

在人群中，有不少人都曾有接受过其他催眠师带领进入催眠的经验，也有不少人在日常生活中，有比较深刻的自然进入催眠的体验，这些对催眠师来说是个好消息，因为只要你遵循合作、灵活和利用原则，就可以利用来访者已有的催眠经验，快速而轻松地带领他进入催眠状态。

那么要怎样利用来访者已有的催眠经验，带领他快速进入催眠状态呢？又要注意一些什么问题呢？

我们都有过类似这样的体会，当看到秋风吹落叶时，就会想起过去一些伤感的事，然后慢慢陷入沉思之中；当看到孩童时的旧照片时，就会想起童年往事，然后慢慢陷入回忆之中；当在中秋之夜凝望明月时，就会想起心中牵挂的人，然后慢慢陷入思念之中。这些都是生活中常见的自然进入催眠的现象，其过程均是这样，由一件事物勾

起往日的记忆体验，然后慢慢沉浸在这段往事的情境中，自然地进入了催眠。这就是我们今天要讨论的，利用来访者已有的催眠经验，带领他快速进入催眠的基本模型。

在实际的催眠操作中，催眠师是通过向来访者提出获取记忆的问题，来勾起他以往的催眠体验，进而运用语言和非语言跟随等技术，来扩大他的催眠体验，带领他重新回到催眠状态。获取记忆的问题示例：你能想起真正放松时是什么感觉吗？你能想起吃过的食物里，最美味的食物是什么样的味道吗？你童年是在哪里度过的？还记得那时你最常玩的地方吗？

获取记忆的提问，是一把开启催眠的金钥匙。

那么怎样提出获取记忆的问题，效果会更好？

◎拉家常——营造轻松友好的氛围

在生活中，假如你的朋友介绍他的朋友给你认识，在第一次见面时，你就问对方谈过几个男朋友、收入多少等这类私密的问题，那是很唐突的，对方会很自然变得警觉，甚至会认为你是坏人而不愿和你沟通。实施催眠就更是这样，不要在正式、严肃的氛围下，直接提问获取记忆的问题，要先拉拉家常，事先准备一些无刺激问题备用，类似生活中常用的：吃过饭了吗？今天的天气真好呀！这样随意地交流

5~10分钟，营造出轻松友好的氛围时，再无意地提出获取记忆的问题，会更有效。

◎提起兴趣——吸引来访者的注意力

在开始随意交流的5~10分钟里，还有另一项工作你要完成，就是吸引对方的注意力。能否吸引对方的注意力，决定了你的催眠引导能否继续下去。

你可以从无刺激问题切入，开始平淡一点，再慢慢变得有趣、具有悬念和让人期待。在这个过程中，要运用好跟随技术，同时利用你的眼睛，吸引对方的注意力。

在生活中，经常可以看到有些具有催眠师特质的人，当他出现在人群中时，能很快地吸引大家的注意力，带动着整个氛围和话题。当下次你再遇到这样的人时，不妨站在边上观察学习，看他是怎样自然地完成这个过程的。

◎意味深长及带着期待的口吻提问

在营造出轻松友好的氛围，并同时吸引了对方的注意力后，你就可以切入获取记忆的问题了。和拉家常时不同的是，此时得放慢你的语速，用意味深长且带着期待的口吻提出问题，当然仍然是比较随意和放松的；在提问前和提问后，应该停顿1~2秒钟，让对方有时间感受一下，这会促进他潜在的回应，同时配合轻微的点头。你可以事先做一番练习，让自己的提问是自然的，而不会给人生硬的感觉。

在每提出一个获取记忆的问题后，你还需要密切留意对方的反应，当催眠信号出现时，就更加放慢语速、更意味深长地提出下一个问题。催眠信号有视线停留（眼睛不再咕噜咕噜转）、动作减少、反应变慢或减少。

需要注意的一点是，获取记忆的问题应是开放问题，同时是无分析和无参照问题，比如辣椒的味道、童年时被人叫外号的感觉，再比如问一个20世纪70年代末出生的男性，小时候过年时放鞭炮的事，这些都是不需要思考分析的，也难以参照，却恰恰最容易引起人们回忆往事。

◎扩大催眠体验

随着你提出获取记忆的问题，催眠信号出现后，此时你无须做太多的事，只要顺势帮助对方扩大他的催眠体验即可。最简单的做法是，让他详细地描述过去的情节，你只需简单地给予他一些强化回应，很快他就会深深地陷入催眠中。

另一个扩大催眠体验的重要方法，就是佯装问题。所谓佯装问题，就是装装样子，并不需要对方真回应的问题。提佯装问题有两个目的，一是占据对方的意识过程，二是激发对方的无意识进一步搜索内部体验，从而达到扩大催眠体验的效果。

佯装问题，特别适合在对方进入浅催眠而中止言语时，用来扩大催眠体验，也就是催眠加深。

佯装问题示例：我不知道，你会多快放松自己？……可以进入催眠多深？……我也不知道，你会在今天的催眠中，学会什么样的经验？……（这三个佯装问题均嵌入了暗示，分别是：放松自己、进入深催眠、学到经验）

睁着眼也能悄然进行的催眠

假如你想将催眠术应用于亲子教育、感情提升、人际沟通、产品销售等，一般情况下，对方是不会坐下来或躺下来接受你的催眠的，你的客户就更不会愿意坐下来，闭上眼睛接受你的催眠销售活动了。

这一切，都需要在人际互动过程中完成。

所以，如果你想将催眠术应用于自己的日常生活，那就有必要好好留意本节的内容，你将可以从中学习到，怎样在普通的人际沟通中，引导他人进入催眠，并且产生相应的心理或行为的变化。

我们一直在说，催眠是情境的结果，催眠的价值取决于情境。

所以，催人于无形，睁着眼做催眠，万变不离其宗，其本质就是：在人际互动中，创造利于对方进入催眠的情境。

那么要怎样做？又要注意一些什么呢？

◎弱化对方意识，或绕过对方意识

在人际互动中，因为被引导者往往无法摆脱自我意识的干扰，他们会不停地进行自我内部对话，或被导向内部意象，或被频频的肌肉运动所干扰等，比如动来动去、说话等，这些都是不利于对方进入催眠的因素，导致无法专注于自己的体验，那些极度理性、逻辑思维能力强的人更是这样。这里容易让人误解的一点是，专注于自己的体验和专注于自己的思考是不同的，一个是体验，一个是思考，思考是会破坏体验的。

所以，**要想在人际互动中引导对方进入催眠，就必须弱化对方的意识心理，或绕过它，这样你才能进行下去。这是第一步，也是最为关键和基础的一步**，是你成功引导的保证。

弱化、绕过意识的方式有很多，比如前一节我们介绍过的获取记忆的问题，在本节，我们来介绍一种分离策略，叫沉闷技术，你也可以叫它“喋喋不休”技术。

所谓沉闷技术，就是不停地给对方讲一些无趣的事，借此来消耗他意识上的抵抗。例如不停地讲故事，一个接一个，对方不知哪里是重点，不知你要做什么。开始时，他会运用自己的注意力试图跟上你，然而故事不但无趣，你还不停地讲，慢慢地，他就会开始放弃思考，这时，你的机会就来了，一旦发现对方开始放弃抵抗，你就可以马上切入正式的引导。

你在讲故事时，尽量多一点具体细节、体验上的描述，而少一点引发思考的描述，这样更能起到分化对方意识的作用。比如：……当你光着脚丫，走在那片绿油油的草地上，草和脚底接触，痒痒的……就像有人在给自己挠痒痒一样……很舒服……很放松……也让人感觉很愉悦……

◎创造催眠情境

在你完成第一步后，就可以切入正式催眠引导，也就是创造催眠情境了。

要创造什么样的情境呢？这是很多人会问的问题，而答案让很多学习者感到惊奇，那就是情境本身并不重要，重要的是，你所选择的情境，只要是让人感觉安全、容易放松的即可；而更重要的是，你要怎样去表达这个情境。

比如，同样是月黑风高的夜晚这个情境，当用不同的表达方式去描述它时，可能会给人完全不同的体验，可以是让人感觉浪漫的，可以是让人感觉心灵宁静的，也可以是让人感觉恐怖的。

所以，最简单的做法就是，结合自己的生活，根据对方的年龄背景等，选择一个自己和对方都熟悉的、让人感觉轻松愉悦的情境即可。

◎示例——借助最古老的《老和尚给小和尚讲故事》来做催眠引导

几乎每个中国人都听过这个故事：“从前有座山，山里有座庙，庙里有个老和尚，老和尚在给小和尚讲故事，老和尚说，从前有座山，山里有座庙，庙里有个老和尚，老和尚在给小和尚讲故事……”

这是一个非常古老而又有趣的故事，老辈人经常用来哄小孩睡觉，百试不爽。今天，我也常用这个故事来做人际互动催眠引导，也是百试不爽。之所以选择这个故事，是因为它够通俗，不管是广东人，还是东北人，都不会不熟悉。

但这并不意味着原样照搬就行，你必须根据实际情况，灵活变化，那么，怎样做会更有效呢？

我是这样做的，在开始时，我会给对方原样地讲2~3个循环，目的是让对方找回那种熟悉感，放松警惕，此时，他会因为知道故事接下来会怎样发展，而变得没什么兴趣了。这个时候，我会马上打破故事原本的发展思路，任意加上一些改动，哪怕是小小的变化，也会马上把对方的注意力拉回故事中来，比如“……从前有座山，山里有许多树木，在树木下面有一条清澈的小溪……在半山腰上有一座古庙，庙门前有一个大大的用铜铸造的钟，每天小和尚都会撞响这个钟……而在庙堂里有个老和尚，老和尚正在给小和尚讲故事……”如此反复几次之后，对方就会因为这个沉闷而无趣的故事，而彻底放弃意识上的抵抗。

这时，也就完成了第一步，是正式切入催眠引导的时机了，同样从“从前有座山”开始，进行正式的催眠情境引导，这次就不必再回到故事的原处了。

从唐诗宋词、寓言故事切入催眠

“风吹柳花满店香，吴姬压酒唤客尝。金陵子弟来相送，欲行不行各尽觞。请君试问东流水，别意与之谁短长？”这是唐朝李白的一首诗，短短几十个字，却为我们描绘了一幅惬意的送别情境图，让人身临其境一般，勾起了我们对远方朋友的思念，当细细品味诗意，仿佛一切就在眼前，让人愿意沉浸其中。

中国有五千年的文明史，先祖们给我们这些炎黄子孙留下了大量的诗词、寓言故事等文化财富，至今我们仍然在学习和运用，也在影响着我们的生活方式。也许你不知道，这些优美且让人陶醉的诗词和寓言故事场景描述，很适合运用于催眠诱导和丰富我们的心灵，尤其是对我们中国人，富有哲理的诗词和寓言故事，还可以起到心理治疗作用。

我们今天要讲的，正是运用我们最为熟悉的唐诗宋词和寓言故事来做催眠引导的方法。

在中国，几乎每个人都会那么几首唐诗宋词，即使有些人会得不多，但当你给他朗诵诗词时，他也能感受到诗词之中的意境，感受到诗人所要表达的情怀，因为我们都是炎黄子孙，有着共同的文化底蕴。这种文化底蕴的共通性，为我们借助它来做催眠引导提供了便利，因为大家都熟悉它，一点就明。这和前节示例中，运用《老和尚给小和尚讲故事》做催眠引导本质上是相同的。

那么我们要怎么开始呢?

◎素材选择

首先你必须熟知大量的素材，古语有言“熟读唐诗三百首，不会作诗也会吟”。所以，开始时你可以随意地多去阅读，然后用心去感受其中的情境，体会其意境，让场景在心中自然浮现，比如当你看到“明月依旧在，故人已无踪”时，你有什么体会呢？你的潜意识会自动接收这些信息。

通过积累，你潜意识里的场景素材就会慢慢得到丰富，以备潜意识在你需要时，能随时调用。

需要注意的是，忌讳以理性代替直觉，用心去感受和体会就好。在自己不平静时，不宜进行这项工作，以免因为自己的个人情绪参与，而扭曲或破坏了情境。

◎**转译和表达**

虽然诗词有很好的情境，然而因接受者的文学水平参差不齐，直接的诗词表达会让适用范围受到限制，只适应小部分人，所以，当运用诗词情境来做催眠诱导时，就需要用通俗的语言，进行更多细节的描述，这样接受者才会更快地被你带入情境，进入催眠。

细节描述，并不代表完全是自己的感受，而是共通点。比如夏天时，光着脚走在海边沙滩上，假如你说“脚底感觉暖暖的”，那这是你个人的感受，别人不一定是这种感觉，也有可能是热、烫等，而当你说“能体会到脚底和沙子接触的感觉”，这是一定的，是大家共通的。

同时，为了适应受术者，使诱导更有效，在表达时，你还需要根据他的常用感官类型来选择语言风格，是用“这看起来不错”“这听起来不错”，还是用“这感觉不错”，后面会有专门讲述。

◎**灵活运用**

如果仅是催眠诱导，选择一个简单的、唯美的情境就好，熟练时也可以自由组织，只要情境不会引起受术者的强烈情绪反应，就不会有问题。

▼

某天，一位朋友心情不好，向我抱怨自己无奈的境遇，她有很好的学历，家庭环境也很好，可感觉事业一直起色不大，所以认为自己“没有出息”，对比身边的朋友，感觉很失落。

在听她诉说自己不幸的同时，我心里慢慢地浮现了一些场景，然后组成了一个故事。我仿佛看到，在一个偏远的山村，一年开春时，一个老父亲拿出两包种子给两个儿子。“今天起，你们要自食其力了。”老父亲说。而这两包种子并不是一样的，一包是饱满的，另一包则是干瘪的，老大抢到了饱满的种子，心里非常高兴，而老二没有办法，抢不过老大，只能选择干瘪的种子。

两个儿子开始播种了，老大吹着口哨，把种子往地里一撒，就玩去了，他想：“我的是饱满的种子，秋天一定会是大丰收。”老二则想：“我的是干瘪的种子，所以得好好耕种。”他努力地把地翻好，再播种，再适时地施肥、除草，每天都坚持不懈，因为他想“我的是干瘪的种子，所以得好好耕种”。老大每天都要跑到老二地里看一下，看他劳动的样子，心里庆幸自己抢到了饱满的种子，他想“我的是饱满的种子，现在一定长得比老二的好”，然后就玩去了。

转眼秋天到了，两兄弟都非常高兴，收获的季节到了。老大来到自己的地里，却大吃一惊，自己的地里长满了杂草，已经很难分清草和稻谷，只收获了一小点干瘪的谷子；而老二那里，因为他的辛勤劳动，获得了丰收，全是饱满的谷子。

听朋友诉说完，我没有多说其他的，只是把这个故事讲给了她听，当她听完故事时，已经泪流满面，而从她的眼神里，能感觉到她真的懂了，而她后来的行为转变证明，我当时的感觉是对的。

▲

是不是很简单呢？保持灵活，尊重自己内心的真实感觉，跟随他人的指引，不做作，你一样也能做到。

催眠秀表演其实很简单，几分钟你就能学会

催眠师在对一群人实施催眠术后，他们就好像着了魔法，被施了咒一样，对催眠师的话是言听计从，让他们做什么就做什么。比如：让他们把洋葱当成苹果一样吃得津津有味；告诉他们处于北极，就是在大热天也能冷得直哆嗦；告诉他们忘了自己原有的名字，而叫小白兔，他们就真的忘了自己的名字，认为自己叫小白兔；下指令让他们变成钢板，他们就能变成人体钢板，能悬空架在两张椅子上，承受一个大男人的重量。

面对这些平常看来不太可能的催眠秀表演，很多人都表示不可思议，催眠初学者也容易认为，做催眠秀表演很复杂，需要很深的"功力"才行。其实不然，做催眠秀表演并不需要多高明的催眠技术，只要你有足够的自信和表演功底，甚至几分钟你就能学会。

虽然现代催眠不提倡做催眠秀表演，然而有释疑解惑的责任，下

面我们就来详细讨论催眠秀表演的秘密。

催眠秀表演要点：

◎你需要有足够的自信和表演能力

如果条件允许，可以包装一下自己的形象，如果之前你没有大师的形象，甚至可以穿着一些类似“道士”的服装，这样可以让人感觉你有“功力”，会更信任你，催眠成功率越高。而表演能力，那就得自己学习了，这将直接决定表演的观赏性。

◎按2：10寻找足够数量的观众

按传统催眠对催眠敏感度的划分原则，约有20%的人是高易感人群，这类人群非常容易被催眠，并进入很深的催眠状态，能配合催眠师接受各种指令做表演，是最合适的催眠秀表演参与者，如果你是很熟练的催眠师，则选拔催眠秀表演参与者的条件可适当放宽。

也就是说，只要你有足够的参与者，那要进行催眠秀表演，就会变得很容易，假如你要选出4位朋友来做催眠秀表演，只要有40位以上的观众，就不会有什么问题。

◎运用催眠敏感度集体测试，选拔出高易感性的参与者

从催眠秀表演视频中你可以看到，在表演前，除了介绍催眠（催眠答疑）外，催眠师总会先做几个催眠小游戏，比如某知名催眠秀节目中，催眠师让观众伸出双手的食指，做“手枪”手势，然后双手合在一起呈平行状，而视线从两个平行的食指中看过去，紧接着催眠师会进行催眠敏感度测试引导，并从测试结果中选拔出合适的参与者。

在介绍催眠时，你可以运用语言艺术，充分吸引观众的注意力，并且加入一些催眠预示性暗示，这会让效果更好。经催眠敏感度测试选拔观众参与表演，将会为你的表演成功提供保障。

◎用简单的渐进放松催眠引导进入催眠即可

选拔出具有高催眠易感性的参与者，一切就已经变得很容易了，你并不需要多熟练的催眠技术，只要能像催眠录音那样，把渐进放松催眠引导词完整地背出来，即可引导参与者进入很理想的催眠状态，参加催眠秀表演了。当然，为了让引导和表演能过渡得更自然一点，你有必要在渐进放松引导的末尾稍作修改，这样衔接两个场景就会更为自然。

◎催眠秀表演的重点：设计好你想要的表演效果

催眠秀表演的最大看点，是制造足够让人惊讶、出奇的娱乐效果，比如：让参与者忘了自己的名字；让参与者把洋葱当成苹果美美地吃掉；让男性参与者表演生孩子；利用痛觉阻断效应，表演针扎无痛苦；暗示将一块烧红的硬币放到表演者手中，然后拿一块普通的硬币放在他手中，结果烫出水泡来；预测潜能开发试验，让参与者写下感知到的、将要发生的事；还有催眠师最常做的人体钢板（人桥）试验等。

这些表演项目都有一个共同点，就是能给观众制造出惊讶、出奇的效果，而且这种效果越能超乎人们通常的想象，就越能吸引观众，制造出娱乐看点。

所以，要做出色的催眠秀表演，你甚至可以成立一个表演团队，从表演学、观众心理出发，来创作、设计你的表演项目。如果你只是一时有兴趣，那完全可以直接把他人曾经用过的表演项目拿过来使用。

◎注意一定要遵守基本原则

在你设计表演项目时，一定要考虑到表演是否会侵犯参与者，包括个人隐私、安全、个人利益等，因为如果你的设计会侵犯参与者，那将会马上触动参与者的潜意识自我保护机制，让你的表演无从进行。

或许有些人会问，像利用痛觉阻断来进行针扎无痛苦的表演，其实也是会伤害到参与者的，那为什么又能进行呢？首先，在催眠师发出指令前，一般会转化出发点，比如类似的引导：“这会是一个难得的、充分展示你潜意识能力的机会，你将会见证到，它怎样运用自己的能力来阻断痛觉，即使针扎在手上也不会有任何感觉，而当你见证这一切时，你会重新认识自己的能力，更加自信。”

从这段引导词里可以知道，经过转化后，表演已经变成难得的展示能力的机会，参与者通过参与表演，会更加自信，自然就不同了。

而如果是银针穿透手掌的表演，因表演具有一定的危险，一般都是经过训练的专业人员才能做到，请读者切勿随意模仿。

◎表演结束时，一定记得解除催眠指令

曾有位朋友应邀参与催眠秀表演，在表演中，催眠师暗示有一条狗在后面追咬他，然而在催眠表演结束时，催眠师忘了解除这条指令，结果产生了催眠后暗示现象，在随后的日子里，他总感觉有条狗在后面追他，让他的生活受了很大干扰，直到后来做心理咨询时，催眠师发现了这一点，并在催眠中帮他解除了这条指令，这位朋友才恢复正常。

所以，你一定要在催眠结束前，确定帮助参与者解除了所有的催眠指令，以免给参与者带来烦恼。

Chapter4

催眠与心理治疗

仅靠暗示产生的转变，大多只是空中楼阁

在众多催眠学派里，有种观点认为，催眠就是暗示，依靠暗示，就可以转变人的行为。因为方法简单，操作性强，吸引了不少支持者，这种方法被大量地运用到各种培训中。很多人都知道，在不少企业，每天早课时，主管或经理都会带领销售人员做各种自我暗示，比如“我真的很棒”“我真的真的很不错”等；还常有培训师倡导，缺乏自信的人，每天在镜子前对自己说“我真的很棒”，就可以变得自信起来。

也许一直以来，你也很认可这种观点，但你即将明白，**这种依靠单纯自我暗示所带来的行为转变，大多只是空中楼阁而已，弄不好，还可能带来负面影响，让人失去灵活性，而最容易因此而产生的一种心理问题，就是强迫症。**

何以这样说呢？

首先，我们人类对事物、对自我的认识都来源于实际的生活，缺乏实际生活基础的认识和总结，那是猜想、是幻想，是空洞的，就如同在床上学会的游泳技能一般，即使再娴熟也无济于事。

人的信念来源于能力，能力来源于行为，缺乏行为的信念，是站不住脚的。举个例子：一个有10年经验的自行车修理师傅，从来没有使用过智能手机，当你和他谈论现在智能手机先进好用，他自然会自卑，即使他对着镜子喊足21天“我很棒”，然后给他智能手机，他内心仍然会自卑，因为他确实不会使用，所不同的是，他可能因为不断的自我暗示，内心多了一份自我矛盾。而要是你和他谈起修理自行车的话题，他马上就会变得自信起来，有问必答，说得头头是道，因为他的这份自信，是建立在10年修车经验基础上的，反复的行为让他掌握了娴熟的修车能力。

正如上述例子，当不断暗示自己“我真的很棒”，内心就会自动在过往的经历里，搜索相对应的“很棒”的行为来支持这个信念，而当搜索不到或没有充分的“证据”时，内心就会对这个新的信念提出质疑，比如“我有什么很棒的，这不是自我欺骗吗”；同时，**在进行这种自我暗示后，假如在实际生活中没有做出“很棒”的行为，内心就会产生冲突，反而容易演变成自我打击的利器。**

自我质疑和内心冲突，更多在独处时及深夜里出现，在睡眠时潜意识自动进行整合。

再来看一个例子：某男，在工作上开始很没自信，某天看到自我暗示的方法，于是他就每天不断地自我暗示“我很棒”，尽管他不知道自己“棒”在哪里，但感觉还是很不错的，慢慢地，他发现自己开始变得自信起来了，说话的声音也变洪亮了。

然而，他也有一个困惑的问题，在自己工作做得好时，心里会喊“我很棒”；而在自己工作做得不好时，心里也会不自觉地喊“我很棒”，这让他难以找出工作出错的原因，容易疏忽工作细节。因为这种自我暗示是在缺少行为和能力基础上进行的，而且因为过量暗示，已经变成一种无意识的自然反应，而无视具体情况，不管做得好与不好，反应都是“我很棒”，这意味着他自我反省能力降低。

这种“无视事物变化”都是相同反应的僵化心理模式，就是强迫症的原型，比如洁癖中的一种情况，只要手触碰到不属于自己的东西，不管是否干净，都会马上启动洗手行为，而无视实际情况。

自我暗示无疑是对我们有用的，然而在运用于转变行为或信念时需谨慎，不要过量，要结合实际行为进行，例如，在鼓励表扬孩子时，要列出具体的事实。

催眠既能化解心理问题，也能产生心理问题

有些朋友认为，学习催眠心理治疗，关键是怎样引导进入催眠。这是一种误解，催眠是实现心理治疗的一种工具，本身并不具有治疗功效，它就像修理汽车时需要用到的各种工具，作用是把汽车拆解出来，才能进行修理。催眠将受术者引导进入“变动”心理状态，让治疗有了基础，而心理治疗效果的实现，则取决于所创造的情境，这里说的情境包括诱导情境，更多指的是进入催眠后的治疗情境。

所以，催眠能带来什么样的好处，取决于情境。

任何事物都有两面性，刀能造福人类，也能伤害人，火能烧饭，也能烧身，全看你怎样去运用。催眠也不例外，运用好它，就能化解心理问题，运用不得当，也可能产生心理问题。

例子往往更容易说明问题，下面就来举个例子。

当一个人因为贫穷而受到他人嘲笑、歧视时，一般心理会有两个

发展倾向，一是虽然心里愤怒，又无可奈何，而陷入自卑、抱怨、自责等自我贬低的心理，然后形成一种无休止的自我贬低模式；另一种是心里愤怒，但会化愤怒为力量，他心里可能想“等着吧，有朝一日我会比你们都更富有”，然后努力工作，奋发图强，这是导向自我提升的模式。

从这个例子可以看到，即使经历相同的事，不同的人，心理也可能会往不同的方向发展，自我贬低或自我提升。不管是哪个方向，从心理学来说，都可以认为是“表达自我需要的合理方式”，抱怨、自责和奋发图强都是表达心中愤怒的方式，在原理上是没有分别的，都是心理能量的释放，只是结果不同。

既然自我贬低和自我提升都是表达自我需要的合理方式，是什么在影响发展方向呢?

是情境。**比较温和的、有节奏并且连续的情境，容易导致人向自我提升方向发展，且当事人在过程中偏向于尊重情境；较为强烈、无节奏、强硬的情境，容易导致人向自我贬低方向发展，且当事人在过程中总会试图主动去控制、否认情境。**不同的情境，会让当事人的潜意识选择不同的应对策略，即选择表达自我需要的方式。

这里需要说明的是，情境和场景或背景是不同的，情境包含了当事人及其心理状态，因为当事人也是情境中的一个元素。

其实这并不难理解，中国人大都听过这句话“泰山崩于前而色不变，猛虎逼于后而心不惊”，这句话形容拥有强大内心的人，面对事物变化时能处世不惊，保持平常平静的心态，不刻意控制，尊重事实，而这类人在遇到事情时，就容易往自我提升的方向发展；而另一类人则相反，看到自己女朋友和异性说会儿话，就心里难安、疑神疑鬼，甚至做一些出格的事，自然在遇到事情时，容易往自我贬低的方向发展。

现在已经很清楚，在运用催眠进行心理治疗时，需要留意情境是否适合受术者，并且随时留意其情境状态变化，如果发现所创造的情境确实不适合受术者，请不要坚持，及时做出调整或改变。因为催眠情境可以治疗心理问题，但运用不好，同样可以产生心理问题。当然，只要你按照上面的规则行事，就不会有问题。

催眠是保持身心健康所必需的

在人产生心理问题时，催眠术能快捷而有效地对其进行治疗，故此，近几年越来越多的人学习、认可催眠术并接受催眠治疗。中国古话说得好，做任何事都要懂得防患于未然、居安思危等，意思是说，在问题发生时的治理固然重要，然而已经是有所损失或损伤了，因此，在问题产生前的预防措施同样非常重要，甚至更有效。

所以，当婴儿刚生下来时，我们就会给他们注射各种疫苗；我们每年都要花很多金钱来治理河道，而不是非要等到决堤后再去救灾。其实，要保持身心健康，又何尝不是这样呢?

也许你不知道，催眠不但能在心理问题产生时对其进行快捷有效的治疗，更是保持身心健康、预防心理问题产生所必需的。

下面，我们就来看看催眠对身心健康的重要作用。

◎健心减压离不开催眠

在当今经济高速发展、竞争激烈的社会，我们每天都面临着来自生活、工作、学习、感情和人际关系等方面的巨大压力，近些年越来越多的人感到身心疲惫，出现失眠、焦虑不安、抑郁等问题，便足以说明这一点。

随着通信业的发展，特别是移动通信、互联网的发展和普及，如今已是一个信息爆炸的时代，各种各样的信息铺天盖地地走进我们生活的每一个角落。现在一小时能接收到的信息量，已大大超过了以往一天所能经历及接收的信息量，而这些信息往往良莠不齐，要接收、分类、加工这些信息，会占用我们大量的心力。

因此，和以前相比，现在我们的身心就像一张弓，被长期、频繁拉开，得不到正常的休息，所以，我们的身心比以往任何时候都更需要放松、休息，不然就很容易出问题。国家卫生计生委最新的统计数据显示，中国已有近1亿人心理出现了不同程度的问题，需要接受心理咨询。

我们知道，**当人进入催眠状态后，即使任何事情都不做，仍然会有一个重要的作用，那就是可以让我们的心灵得到充分的放松和休息。**在临床中，常可以见到有些人进入催眠后，因为太放松而不愿那么快醒来的现象，当从催眠中醒来后，会感觉精力充沛，接下来的几天都休息得很好。

因此，要保持身心健康，平时就要注意给身心减压，适时地接受催眠，或通过自我催眠来给自己的身心减压。

◎催眠是保持身心健康和完整所必需的

或许是因为竞争太激烈，越来越多人感觉缺少安全感，因此变得越来越理性，而拒绝、回避感性，恨不得自己对待每件事都能保持高度的理性。

这种理念和做法，许多人都很赞成，也可以理解，然而，对于一个人的身心发展而言却是无益的，时间长了，还可能会产生不少问题。

首先，因为重理性，而拒绝、回避感性，这会造成情绪通道堵塞不通，心中的苦楚、怨恨、委屈、不满等负面情绪无法得到释放而累积，为了逃避面对这些累积的情绪，又会更加理性，结果造成情绪通道长期不通。有此情况的人，往往表现为身心疲惫，不敢独处，因为独处让他只能面对自己，此时酗酒等短暂的自我麻醉会是他们无奈中常见的一种选择，也许事业上很有成就，却活得更像机器人。

所以，要保持身心健康，就要保持自己的情绪通道是畅通的，每天的负面情绪都能得到及时的释放，这样才能身心轻松，快速恢复活力。**在正常情况下，我们需要周期性地进入自然催眠，来保持情绪通道畅通。**

前面还曾讨论过，意识是聪明的，它的心理特点是喜好理性、线性及因果逻辑；而潜意识是智慧的，它的心理特点是喜好具联想性、比喻性、更加具体化的（意象取向）。它们各有各的优点和不足，不可替代，同时具备二者才是完整的。

所以，在日常生活中，我们需要周期性地弱化意识心理，进入一种新的、自由的、没有偏差感的催眠状态，对意识在实现目标过程中的短视行为进行纠错，令智慧资源不至于荒废，能运用于人生建设。比如：一个商家为了取得更多的利益，在白天对客户投诉服务人员态度差的问题不以为然，而当晚上回到家静下来，潜意识就会对此进行纠错，提示商家同时还要考虑长久经营的问题。如果用理性封堵住了这方面的能力，我们就会陷入一种无视犯错的执着中，结果是刚做好了一件事，另一方面又出问题了，原本半天可以做好的事，却执着于要两天才能做好的方法。

因此，催眠是保持身心健康所必需的，人们有必要学习它，运用它来为自己的人生服务。

催眠如何快速实现心理和行为转变

一个人陷入无休止的自我贬低心理模式后，就像迷失在森林里的人一样，在某个地方循环转圈，不停往前走，可不久就会发现，又回到了原地。因为在每次遇到分岔路口时，都采取了相同或类似的判断，而陷入自我贬低心理模式的人，在遇到一些事情时，也近似地采取了相同或类似的表达方式，只要细心观察他们的生活，就会发现，一个面对困难习惯逃避的人，他在生活的其他方面，大多时候也会是相同的风格。

前面讲过，不管一个人是自我贬低还是自我提升，都是他“表达自我需要的合理方式”，即都是可以被理解的，都是他在成长过程中学习到的一种应对策略，久而久之就会形成具有个体独特性的应对策略风格。

一些人会说，这种应对策略风格都是“不好的”“需要被抛弃的”。当然不是，任何一种应对策略本身都无所谓“好”与“不好”，谁能说“逃避”就一定不好呢？好与不好取决于何时和如何表达。当独自一个人在森林里遇到猛虎，当朋友让你尝试毒品时，“逃避”肯定是一种不错的应对策略，不是吗？当你去某个地方，路上遇到一条河，河上没有桥，而你又没有其他办法渡河时，放弃又何尝不是一种“好”的应对策略？

所以，作为治疗师或引导者，即使受术者采取了在他人看来很“荒唐”的方式来表达自我需要，你仍然需要尊重对方，接纳对方“荒唐”的表达方式，并以中立的态度来开展你的工作，这是治疗的前提。否则，你会发现，自己一直被受术者排斥在外，无法接近，什么也做不了。

接下来，我们进一步了解问题是怎么形成的，一会儿你就会知道怎样从问题中找到解决问题的方案。

通常，我们在面对人生中的问题时，可以有许多选择，为何一部分人却总会无意识地选择自我贬低的方式呢？研究认为，首先，个体在成长过程中，首次经历或多次重复类似经历，处在导向自我贬低的情境下，习得并发展出了这个应对策略。例如：一个小朋友不小心摔坏了父亲的笔记本电脑，他非常害怕父亲会惩罚自己，他不知所措，慌张之下就跑开了，在父亲询问时说了谎，因此他逃过了父亲的惩罚。这个无意间发现的“英明之举”，因为取得了“效果”而会得到加强，合理地发展成一种应对策略。

或许有人就会问，这并不能阻止他选择其他更好的应对策略呀。

是的，没有谁能阻止你怎样选择，关键是，大多时候你没有选择。前面讲过，导致自我贬低的情境特点是强烈、无节奏、强硬的，这会让你被强迫地隔离起来，看不到其他选择的存在。举个例子，我们知道有这样一类人，在他和太太吵架极度生气时，就会摔东西，每次都这样，虽然在平静下来时，他认为那不是有效的解决办法，还可以有很多方式解决夫妻间的争执，可是一到了那个档口，还是摔东西，其他方式全部看不到了，即使有人提醒，仍然无济于事。

极度生气正是强烈、无节奏、强硬的，是导向自我贬低的情境，它会把你隔离起来，摔东西成了唯一的表达方式，除此之外头脑一片空白，什么也没有。当然，你也可以忍而不发，直到把自己逼向崩溃。

在治疗中发现，我国另一个因素也表现得比较明显，成长中父母过多地教育孩子什么是绝对“对的”与“错的”“好的”与“坏的”。这些非开放的信念，会导致内心更加矛盾、冲突，让问题更牢固。例如，某人从小被教育“逃避”是错的，那当他无意识地以这种方式来表达自我需要时，内心就会更加矛盾，自我冲突更明显，情绪更强烈无序，自我隔离更明显。

因此，第一，作为治疗师或引导者，你得修炼自己，放下自己的偏见，让自己变得更开放；第二，尊重、接纳对方，必要时合理化他的应对策略，让他感觉到你并不是在改变他，他没有错，你只是帮助他学习更多新的应对策略；第三，进一步接近他，并学习以他的语言来描述将来；第四，催眠引导进入特定情境，并帮助他调节自己的情绪；第五，当观察到他状态趋向平静温和时，可提供新的选择给他，比如：“……这种情况下，你可以选择放弃，也可以选择面对，还可以选择两种都试试看，看看哪种选择会让自己更安心……不管怎样选择，都是出于自己的需要……”需要特别说明的是，你需确保自己是发自内心地认为，无论哪种选择都没有错，相信对方的潜意识会做出最佳的选择。

如果你是学习用来改变自己，那会简单得多，假如你有生气时摔东西的习惯，在你生气但还没摔东西时，选择新的方式来表达自己的情绪，比如打乒乓球。在你极度生气时，马上做深呼吸，并放慢呼吸节奏，很快你的情绪就会平静一些，然后就去打乒乓球，几次之后，你会发现自己逐渐转变了。

潜意识总会作出最佳的选择

作为治疗师或引导者，你需要坚信一点，我们的潜意识总会做出最佳的选择，这会让你的治疗变得更容易、更有效，不然，你可能在做了大量工作后，仍然不见成效，从而陷入迷茫。

很多朋友已经深知这一点，可也有部分朋友不甚了解。

假如有两份礼物，一份是1000元现金，另一份是一个价值10元的音乐盒，不见得选1000元现金的人就比选音乐盒的人聪明，他们的潜意识都做出了最佳的选择，只是前者需要钱，后者需要音乐。假如有两个人已经饿几天了，现在他们手上都只有1元钱，用这1元钱可以买到一个馒头。你拿出2个一模一样的纸盒，掏出100元现金放进其中一个盒子，然后把盒子顺序弄乱，让他们分不出来钱装在哪个盒子，然后告诉这两个人，只要拿他们手里的1元钱，就可以换取一个盒子。你认为他们一定会换吗？愿意换的人比不愿意换的人聪明吗？2元买张彩票有可能中奖500万，有人会买，也有人不会买，道理都是一样的。

现在已经很清楚，人的潜意识总会做出最佳选择，有时需求不同，有时环境不同，而潜意识更多时候是从整体来考虑的。那些有心理困扰的人，之所以做出大家都认为“不明智”的选择，那是因为他们的处境和那两个饿了几天的人一样，无法确定哪个盒子装着100元现金，对未知的恐惧会远超过100元现金的吸引力，而不换他们则没有损失，能很确定地保住一个馒头，不是吗?

所以，你需要做的很简单，只要把盒子打开，让他们看到钱在哪个盒子里。

在治疗或引导时也是一样的，你需要相信对方的潜意识能做出最佳的选择，并且不掺杂自己的主观愿望，接着把更多更宽的方面展示出来，不管是“好的”或“不好的”，也不管是对方原有的或刚补充的，尽可能地展示出来，**同时让对方明白，这些本来就是他拥有的能力**，每一种能力都有不同的用途，就像工具箱里不同的工具一样，虽然现在熟练程度不同，但可以学习，学习会让他变得熟练。

然后，你只需信任、尊重、支持对方，把一切交给他的潜意识。

讲故事也能进行心理治疗

我们都曾从书中或电视中知道这样的一些事，某个人心生困惑去请教寺庙的大师，把自己心里的困惑告诉大师，希望能得到点化，消除心中的困惑。接着大师给他讲了一个故事，开始这个人表示不明白，追问大师什么意思，但大师没有回答就离开。于是这个人就反复琢磨这个故事以及大师所说的每一句话、每一个字，却百思不得其解，几天下来仍然一无所获。就在他要放弃，转而去做其他事时，突然，他若有发现，然后感觉自己一切都明白了，心中豁然开朗，阴霾也一扫而去。这就是我们常说的“顿悟”“恍然大悟”，这个过程其实就是大师给这个人做的一次故事催眠心理治疗。

下面我们来详细讲解一下故事催眠心理治疗的过程和特点。

在这个人决定要去找寺庙大师开始，催眠就已经开始了。在我们普通人看来，大师是智慧的化身，拥有超人的智慧，这个独特的身份让这个人坚信，大师一定能帮助他拨开心中的疑云；而大师长期给人的印象都是仁慈、宽容、尊重他人的等，让大师无须再去建立与求助者的信任关系，求助者在来到寺庙前，已经完成了这个过程，换言之，从他决定找大师开始，就已经在催眠自己了。

大师在倾听了求助者的诉说后，明白了求助者心中的困惑，选择或构思了一个故事，并把故事讲给求助者听，多数时候是比较简单的故事，加上是以相对平常的方式讲述故事，所以，一般求助者不会直接被故事带入催眠，同时急切想找到“答案”会让他的理性思维更多地占据他，干扰他进入催眠、融入故事情境。所以，一般求助者不会马上“顿悟”。

然而，因为求助者坚信大师一定能帮助他，自己苦苦找寻的“答案”就在大师的话中，这促使他去仔细琢磨每一句话、每一个字，最终自己陷入了故事情境，进入催眠。在前面讲述自我贬低特点时谈到过，此状态下的人总会试图主动去控制局面，这和急躁等一样，都会让自己被隔离起来，看不到其他更多的可能性。所以，求助者虽然进入了催眠，因为急切希望找到答案，反而让自己被隔离，迟迟难以“顿悟”。

因为迟迟不得法，求助者开始放弃，或暂且先做其他事，随之也放松下来，不再刻意去找寻“答案”，这一放松，自我隔离也随之解除，“答案”自然浮现出来，就这样他“顿悟”了。许多有过“顿悟”的人都会有一种感觉，其实答案一直就在眼前，可就是看不到。许多朋友也有过类似这样的经历，东西就摆在眼前，却视而不见，到处在找，这都是自我隔离现象。

从分析知道，寺庙大师故事催眠心理治疗的一些条件，平常人是比较难达到的，而你也不太可能出家去做和尚，并通过修行成为大师，那怎么办呢？

当然是灵活运用，河上没有桥，那就坐船过河，不必专门去修一座桥。

那要怎么做呢？

首先，建立信任感，前面多有介绍，这里不再重复。

其次，故事的结构分为两部分。第一部分，用于吸引求助者的注意力，并让他放松，没有大师身份给人信任感和智慧化身的优势，所以，我们必须在故事内容上下功夫，让故事变得趣味十足，但和求助者没有任何关系，并以轻松的方式来讲述故事。这样，**引人入胜的故事不但能吸引他的注意力，同时还会让他放松警惕，导向利于自我提升的身心平静状态，自我隔离消除，陷入故事催眠诱导情境**，当你感觉到对方已经被你的故事深深吸引，而遗忘了他的“求助”初衷时，就可进入故事的第二部分了。

第二部分，心理治疗部分，这前面也有介绍，这里只提一点，你想让对方明白什么，但意图不可过于明显，要用间接的方式，因为你同时要让求助者明白一点，绝不是你教会了他什么，而是他自己的努力取得了突破，学习到了新的智慧，这样他才会去珍惜，并大胆运用到自己的生活建设中去。

隐喻在催眠治疗中的妙用

隐喻就是不明说或间接比喻，即“暗指”，在中国人际交往中运用得非常多，比如在荷包上绣上鸳鸯表示爱情，和人斗嘴时会指桑骂槐，用红豆表示相思等。中国人喜欢用隐喻，是与中国独特的文化分不开，它满足了我们含蓄的需要、尴尬时保护自尊的需要等。在中国，要是没有隐喻表达，很多事可能会变得难以想象，很多人会无法表达自己的爱，看着朋友犯错却不敢指出来，生活会变得无趣，人际关系会变得紧张。因为没有隐喻，很多时候意味着要直接挑战他人的自尊，或降低自己的自尊。

隐喻不单在人际交往中很重要，在催眠心理治疗中也非常重要。

通常情况下，心理处在非正常状态下的人，会更缺乏安全感，害怕受到歧视等，所以在他求助时会不自觉地以弱者自居，不愿让人接近，不愿表达自己，尤其是他认为那些“为人所不齿”的事。这种情况会在治疗师和求助者之间树立一堵墙，让治疗工作难以开展。

这个时候，你就需要用隐喻的方式进行沟通，拆除阻碍治疗进行的这堵墙。**隐喻沟通是间接的，不会直接触碰到求助者的个人隐私，保护了他的自尊，让他可以在安全的氛围中接受治疗或辅导。同时在你的支持和鼓励下，求助者会尝试性地敞开心扉，配合你的工作。**

▼

有一个朋友工作很不顺利，为此很苦恼，向我吐苦水，他总是因为太急切，反而把工作弄糟。我自然是看到了这一点，但他这个人很好面子，所以我不能直接指出他的问题，要是我直接跟他说“你的问题是急功近利”，那肯定免不了争吵一番，最后怕是闹得连朋友都做不成。

所以，我改变了策略，我知道他养花挺有一套，决定从这一点切入。

我对他说：“我真的挺服你的，你的花怎么养得这么好？我也曾养过几盆花，但都养不活，连仙人掌也只养了几个月就死掉了，养花也有祖传秘方吗？”以超乎寻常的事吸引他的兴趣和注意力，仙人掌也养不活是挺让人难以相信的。

他笑着回应：“你一定是开玩笑吧，养花是挺简单的，可没有祖传秘方，你说说看你是怎么养的？”

我说："是的，就说仙人掌吧，人们都说仙人掌最好养，可事实并不是这样，我把它买回来后，都是悉心照料，每天早上起床后、下午下班回来都会给它浇水，甚至晚上睡觉前，仍然会浇上一次水，可就是对它这么好，不到三个月，我发现它竟然从里面腐烂掉了，真是让我太失望了。"

他没有马上回答我，而是想了想，然后笑着说："你这家伙，说这么多，是想说我心急吃不了热豆腐，工作太心急，反而把工作弄糟糕了吧！"就这样，我们两个都笑了起来。

▲

在一些特殊案例里，即使你和求助者之间建立了很好的信任，对方仍然不会把所有个人隐私都透露给你，因为每个人都有自己的底线，一旦有人想跨越他的底线，他就会马上反抗，同时封闭自己。比如求助者曾受过性侵犯，再比如性从业者的工作经历，再比如曾做过第三者等，除非她自己主动告诉你，永远不要试图去窥探对方的个人隐私，否则，对方会把你定为"危险"分子。

面对这种特殊案例时，不管是沟通还是催眠治疗，你都需要比平常更小心，做得更隐蔽、更间接。你可以这样做，把这种不幸的遭遇隐晦地比喻成伤害，然后再无意地罗列一些词，看她对哪些词有敏感的反应，从而获得你所需要的信息。比如这样引导：**"在我们成长的过程中，每个人都会经受一些伤害，有些来自身体，有些来自语言，**

有些来自情感，有些来自工作，有些来自朋友，有些来自最亲的家人……”假如她对“身体”这个词有反应，那所受的伤害应该是肉体上的；要是对“语言”这个词有反应，那伤害可能来源于沟通；要是对“家人”有反应，可能伤害来源于家庭等。

是的，就是这么简单，你必须学会灵活看待，并运用自己的智慧进行总结，不久后，你就能运用隐喻来应付各种情况了。

受术者在有意思的催眠中偷偷改变

现代派催眠不但非常有效，有时候还很有意思。

▼

有一次，一名强迫症患者其他问题都通过催眠解决了，可还是一直失眠，几次常规催眠都没有达到预期的效果，这让我有点困惑。

通过进一步的沟通，我发现一件有趣的事，也许是因为强迫症的好转，这个女孩开始变得有些调皮，虽然20多岁了，却还有孩子般的反叛心理，会不自觉地和我对着干，也正是这一点影响了她的睡眠。这一发现，让我想起了艾瑞克森曾经的一个案例，很快心中浮现了一个方案。

我说："你这失眠呢，不是不可以治，但我怕给你布置个作业，你会做不到，我看还是算了！"

她说："什么作业？只要你能做到的，我都能做到。"

我说："我不信，要不我们打个赌，假如你做不到，你得按要求徒步走，要是你做到了，我一次性徒步走10公里，怎么样？"

她想了想说："好，那你说吧！"

我说："你必须准备一个记事本，在你准备睡觉前，用手机调好闹钟，设定在30分钟后响，音量调成没睡着时听得见，而睡着时又听不见就好。在闹钟响时，假如你没睡着，那你必须起来在记事本上记录，然后再把闹钟调在30分钟后响，才能再睡，一直到天亮。也就是说，每次最多只能睡30分钟。要是听到了闹钟响，却没有起来记录，那就每次罚徒步走5公里，当然，要是不小心睡着了，听不到闹钟响，那就不用受罚。"

她欣然答应了。

第三天，她很高兴地来找我，气色看起来很不错，我知道发生了什么，但装作不知道。她得意地说："老师，我做到了，你输了，你得接受惩罚，昨晚我一次都没听到闹钟响，你得遵守承诺徒步走10公里哦！"

我说："好，我接受惩罚，你别得意得太早，你只是偶然赢了！"

我很愉快地接受了她的惩罚，可她再也没有来过，只通过QQ给我留言，说她已经睡得很好，并且不打算惩罚我了。

▲

这个有趣的催眠例子，正是遵循了现代催眠术利用来访者现实的

原则，接受问题中包含解决方案的思想。既然发现她反叛、无意识中喜欢和我对着干的特点，那就利用它，并且悄悄地给她提供一个能非常好地跟我对着干的机会，当然，她要做的也正是我想要她做的。开始，她为了反对我说她做不到，她会坚持要做，然而我也给她留了另一个选择，如果不小心睡着了，那也是她的成功。于是她的潜意识坚持一段时间后，主动选择了更简便的后一种。而且，当人知道睡一小会儿就好时，是更容易放松而睡着的，常常发生这样的事，本来只是想在沙发上休息一小会儿，结果却不知不觉睡着了。

这种利用来访者某种性格特点的催眠例子还有很多，而且还很管用，只要你稍加留心就能发现。**而利用对方反叛心理特点，对孩子或有孩子心态的人是很有效的，**比如对付孩子吮吸手指，那你可以先告诉孩子吮吸手指是正常的，这会让他感觉这不再特别，不能成为和父母对着干的本钱；然后你再规定他必须定时吮吸手指，开始他会继续吮吸手指，以观察你的反应，当你仍然表现出不以为然时，他就会慢慢不再吮吸手指，反过来反对你要求他吮吸手指了。

再比如艾瑞克森有一个很经典的催眠例子，他想传达给来访者一些信息，于是他用催眠语言写在一张纸上，在催眠交谈时，一边聊一些事，一边用非语言暗示来访者，手里拿着的纸里记着很重要且秘密的内容。一段时间后，他借故离开了一小会儿，并装作不小心把纸留在桌子上。结果来访者像做贼一样偷偷拿起纸看起来，并且一边看一边留意艾瑞克森，看他是否回来了，是否会被发现，他进入了催眠，并完全接受这些催眠信息，产生了行为转变。

艾瑞克森利用了人性中喜欢偷听、偷看的特点，并以假装不知道的方式给来访者提供了偷看的机会，在极短的时间里，信息以不加思考、不加过滤、完全接纳的方式，全部进入来访者的潜意识。

Chapter5

催眠的基本技能与训练

组织催眠治疗的4个主要阶段

按照艾瑞克森的观点，以治疗性转变为主要目的催眠治疗活动，可以分为4个主要阶段：准备阶段、诱导阶段、利用阶段和巩固阶段。每个阶段的目标都不同，同时又承前启后，相互重叠又相互作用。

下面我们对每个阶段进行介绍。

◎准备阶段

准备阶段有两个目标，第一，了解求助者的基本信息，包括主要信念、世界观、职业、教育背景、兴趣、技能、家庭背景、治疗经验、他对治疗的预期以及有哪些因素可能会阻碍他实现治疗预期。可以制作一个表格让他填写基本情况，通过访问他的朋友及家人间接了解情况，还需要了解他对催眠的了解程度。

第二，初步接洽，交流对催眠治疗过程的看法，解答疑问，建立起和谐和信任的氛围。然后，吸引他的兴趣，建立一种期待，一件有意义的事情即将发生。

◎诱导阶段

这是正式催眠活动的开始，在前面我们多处均已介绍，诱导的方法可以千变万化，可以根据自己的经验和特点进行灵活调整，但万变不离其宗，需要遵守3个原则。

（1）确定和集中求助者的注意力

很多时候求助者的注意力是分散的，可能会被外界的声音、对催眠的兴趣、意识思考等分散了注意力，所以你需要用各种方法让他地注意力集中起来，古老的做法有让他看钟摆、水晶球、墙上的钉子、催眠师的手心，艾瑞克森则擅长通过沟通，特别是用引人入胜的故事来让求助者集中注意力。

（2）缓慢引导和弱化意识心理

一旦确定吸引了其注意力，那挡在你面前的，就是对方的意识心理，它负责保护无意识心理。所以必须弱化意识心理，或绕过它，方法有很多，比如沉闷技术、分离技术、隐喻故事、分心和混乱技术，在节奏上要放慢。

（3）进入并利用无意识心理

当弱化意识心理信号出现后，你就需要扩大“战果”，进一步放大无意识心理，也就是常说的催眠深化。

◎利用阶段

进入催眠状态不是目的，获得治疗性的转变才是目的，此时问题就变成：我们接下来做什么？要怎么开展治疗工作？

这部分工作，专业性的说法，就是重新构建求助者的体验。

具体来说，首先，接近和转变他无法接受的体验，比如被歧视的经历，面对这些，有心理问题的人总会试图去“控制”或“否认”等，从而导致自我贬低的自我隔离，所以需要转变或重构它。

我们的治疗工作有一个假设前提，**“每个人都有足够的智慧，解决人生中遇到的所有问题”，只是处于问题状态下的人，因为自我隔离，智慧被排除在外而已**，所以接下来的工作，是帮助求助者寻找解决当下问题的智慧，并用于建设他的未来，这可以叫智慧重组。

◎巩固阶段

最后一阶段包括两个步骤。

（1）结束催眠

把求助者带出催眠状态，做出一些催眠后暗示等。

（2）催眠知识讨论

进行一些轻松而简单的讨论，也可根据需要布置一些作业等。

催眠师的基本素质及修炼

催眠的产生和治疗效果，除了催眠师的学识、技巧和治疗方案外，还和他的基本素质有直接的关系，**催眠师的基本素质是催眠和治疗效果产生的基本条件。**

那么催眠师具体需要哪些基本素质呢？

催眠和治疗要发挥作用，催眠师的意图和表达方式就要和求助者取得一致。治疗的过程，首先是求助者想要获得改变，催眠师协助他实现这个目标，而非催眠师要改变他，**催眠治疗关系并不是对立的，而是一致的，求助者是主角，催眠师是他的助手，双方是同盟关系。**

因此，催眠师也需要做到：

◎充分支持求助者想获得治疗性改变的要求

◎放下个人偏见和需要，完全接纳求助者的体验

对待事物，每个人都会有自己的看法，然而作为催眠师，必须放下自己的偏见和需要，完全接纳求助者的体验，尤其是他曾经被认为“不道德”“羞于见人”的经历体验是非常敏感的，如催眠师掺杂个人偏见，不但会出现“阻抗”，治疗也不会产生效果。

接纳不等于接受，并不是必须同意，更多的是尊重。

◎克制自己，不把自己的信念和解决办法强加给求助者

催眠师需要谨记，转变来源于求助者自己的学习及能力提升，而非催眠师的教导。求助者并不缺少知识或智慧，他需要的是信任自己，认识并面对自己的不足，并尝试探索新的领域，建立对未来的希望。

要做到上面这些，建立和求助者的良好同盟关系，并非单依靠语言就能完成的，即便不是不可能，也是非常困难的。我们都知道“相有心生”，“相”包括表情、神态、行为、语言等，是指整个人的影像。假如心不由衷，想单纯用语言来表达尊重，那会很快被发现，并贴上“欺骗”标签。因此，催眠师必须先进行自我修炼，拓宽自己的心胸，从心底里做到尊重、接纳求助者。

那催眠师的自我修炼应该从哪里着手？要怎样进行呢？

◎自察并处理不可接受的体验

我们都知道投射，即一个人认为自己的某种体验是不可接受的，他就会回避自己或他人可能产生此种体验的一切行为。一个人不接纳犯错，在他人犯错时也会表现出不接纳；一个人不满意自己的傲慢，在看到他人傲慢时也会反感，这些就是投射现象，把对自己的不满意投射到他人身上。

一个排斥、厌恶暴饮暴食的催眠师，很难迫使自己去帮助一个暴食症患者，这也就等于限制了自己的能力，此时催眠师需要处理与之相关的、不可接受的个人体验，拓宽自己的心界。

因此，催眠师需时常进行自察，一个简单有效的方法是，可以在人际交往中多听听看看，当发现他人的某行为或体验是自己不可接受的，通过自我搜索，找到与之对应的个人体验，然后可以运用自我催眠来处理它。

◎尊重个体独特性，而非一般性标准

看待事物，社会总会有很多一般性的标准，比如道德、行为、人际关系等，这些标准总会给人贴上各种标签，比如在我们中国，学生在课堂上对老师的教学提出质疑，会被视为“不尊重老师”。

催眠师需要知道，这些概括化的一般性标准的不足，会忽略具体问题要具体分析，会忽略个体的独特性，会使催眠师和求助者都不愿意接纳求助者的体验，认为求助者的体验是“有问题的”，从而阻碍转变的产生。

因此，催眠师不可迷恋那些一般性标准，求助者才是自己工作的指南针。

◎让求助者自己改变

要让自己的治疗工作变得有效且轻松，就必须谨记：求助者有足够的智慧和能力进入催眠和产生治疗性的改变。催眠师负责引导协助求助者，找到自身已经拥有的、解决问题的智慧和能力，而求助者负责改变。不管出发点有多好，假如试图对求助者的改变负责，那不但会影响你的工作，还会引发失望和挫败感。

催眠师发声技能

对于催眠师，声音就是一把利刃，如果你的发声技能娴熟，哪怕是普通的语言结构，也能起到不错的效果；而如果你的发声技能蹩脚，即使是完美的语言结构，也可能会适得其反。

为了能更好地体会这一点，你可以随意找一段文章，再找个朋友让他闭上眼睛听你念，让他留意你在念时内心的感受。第一遍用较快的速度、较高的音调大声地念；第二遍用慢的速度、低沉的音调小声地念，并且可以越来越慢。然后让你的朋友告诉你，两次他内心的感受有什么不同，你就会对发声对催眠的重要性有更深的体会。

相同的句子，发声时不同的语速、音调、音量，以及停顿、强调性增加音量、变调和拉长，都会让听者的感受不一样，甚至听出相反的意思。比如：从北京来了一个善良的人。你可以强调“北京”“一个”或“善良”，也可以用反问的语气等，给人的感受或意思却不尽相同。

催眠师要怎么训练自己的发声呢?

◎普通句表达

催眠引导时，非特定用意的大部分句子都是普通句，你需要缓慢、低沉、小声而平稳地表达，给人一种单调、平和的感觉。在练习时，你可以先做几个深呼吸，然后保持均匀的呼吸速度，在你的心慢慢平静下来时，就可以念事先准备好的文章，反复地练习，直到你能很好地掌握为止。为了更快地熟练起来，一个好的办法是，用录音来纠正自己的发声。

◎暗示性停顿

很多暗示指令是隐藏在句子里的，受术者的意识不会轻易发现，但又要让他的无意识能够察觉，此时你就可以稍作停顿来突出暗示词汇。

比如：不知你是否发现，你的肩膀随时都可以放松。在“放松”前稍作停顿一下，无意识就能觉察到你要突出这里。

◎强调性加音

当你要强调一个句子里的某个词时，那当你读到这个词时，就可以提高音量。

比如：不知你是否发现，你的肩膀随时都可以放松。

◎根据词意变调

除此之外，你还需要根据词的意思来改变声调。比如说“往上”时，声调也应该往上提，而不能往下压；再比如说到“冰冷”这个词时，声调也应低沉并稍拉长；再比如说到“放松”这个词，声调就不能给人一种紧张的感觉，应该和“放松”是相对应的，由上往下，在吐气的时候说出这个词。

◎情感注入使之意味深长

当你表达的情境是富含情感的时候，就不能显得漫不经心，而需要马上调整自己的情绪，仿佛置身于这个情境中，专注而又意味深长地说，这样受术者才会最快被你感染，而陷入催眠情境中。

如何选择对受术者最有效的催眠语言风格

我们在感知事物时，有五个感官：视觉、听觉、味觉、嗅觉、触觉。而进行储存五个感官感知的信息、回忆、思考等心理活动时，则只有三个感官：视觉、听觉和感觉。味觉、嗅觉及触觉感知的信息归为感觉，为了区分，前者称为外感官，而后者称为内感官。

每个正常人都同时拥有三个内感官功能，但受成长经历影响，它们并不是均衡发展的，而会有强弱差别，通常人们会习惯性地偏向使用其中的一种内感官，称作主要或常用内感官。

例如，表达一个计划不错时，常听到人们这样表达“这个计划看起来不错”，或“这个计划听起来不错”，或“这个计划感觉不错”。第一个用“看”这个字，表示常用内感官是视觉，人们在思考时会在心中呈现“计划”的影像；第二个用“听”这个字，表示常用内感官是听觉，人们在思考时会是内部对话的形式；第三个用

“感觉”这两个字，表示常用内感官是感觉，人们在思考时通过感受进行。

因此，为了让你的催眠引导更有效，需要迎合受术者的偏好，使用和他常用内感官相对应的催眠语言风格。怎么识别受术者的常用内感官呢？一般可以通过下面三种方法来识别。

◎用词判断法

可以从人们使用的主要用词来进行判断，视觉型者经常用“视觉的”用词，比如：“看”“显示”“样子”“出现”“颜色”“色泽光亮”等；听觉型者经常用“听觉的”用词，比如：“听”“声音”“大叫”“宁静”“清脆”“如雷贯耳”等；感觉型者经常用“感觉的”用词，比如：“感觉”“压力”“冰冷”“兴奋”“感受”“趁热打铁”等。

所以，在你和受术者沟通时，可以多留意他对哪一类别的词使用更多。

◎眼球模式判断法

当某个内感官启动时，会在眼球转动上表现出来。

内视觉的眼球转动模式是往上望，往右上角是在创造画面，往左上角是回忆过去的场景。内听觉的眼球转动模式是左中、右中、右下三种，左中是创造内部声音，右中是回忆过去的声音和说话，右下是自言自语。内感觉的眼球转动模式是左下，当搜索心里味觉、嗅觉和触觉体验时，眼球就会无意识地往左下转动。

单独眼球通常不足以判断一个人的常用内感官类型，因为一个人惯用某种内感官，并不代表其他内感官的缺失，容易受到沟通发起人的影响而误判，比如你在沟通时提问“你最喜欢听哪首歌”，即使对方惯用视觉，也容易受所提问题的影响，被迫启动内听觉。

◎综合判断法

除了上述两种方法，三种内感官类型在其他方面又会有什么不同呢？

（1）内视觉型

最佳沟通距离是90～120厘米，头多喜欢往上仰，手势多且一般高于胸部，节奏快，坐不住，小动作多，喜欢颜色鲜明、线条活泼、外形漂亮的事物，在着装上也是如此，喜欢整洁，东西摆放整齐，说话直接，句子短且快，声调平和，但嗓门大，注重事物的整体而不注重细节，呼吸快而浅，多采用胸部呼吸方式。

（2）内听觉型

最佳沟通距离是90～150厘米，手势多在腰间以上胸部以下，很在乎事物细节，很爱说话，一说起来滔滔不绝，且内容讲得很细，会有重复讲一件事的情况，声音悦耳，有高有低有快慢，节奏感很强，善于唱歌，说话内容很注重用词，不能忍受错别字，注重用词修饰，常用连接词“为什么……？那是因为……”，喜欢安静的环境，不能忍受嘈杂，做事注重程序、步骤，按部就班工作，与人沟通时，头常侧倾，常用手按嘴或耳下，手或脚常会打拍子，走路不紧不慢，呼吸比较平稳。

（3）内感觉型

最佳沟通距离是60～90厘米，很注重人与人的关系，喜欢被关怀，注重感受、情感，说得好不好听不要紧，但很在意事情的意义，与人沟通时，常低着头，动作稳重，手势缓慢，坐着时不爱说话，也不爱动，坐在椅子上时，通常会坐满整张椅子，说话时常声音小、低沉且慢，呼吸慢而深，通常采用腹式呼吸。

结合三种判断方式，相信你很容易就能对沟通对象常用内感官类型做出判断了。

弥尔顿催眠语言模式

催眠大师艾瑞克森在催眠时，通常都会很系统地使用催眠语言，即“弥尔顿模式”，它可以让催眠效果大幅度提升，所以，不管哪个派别的催眠师，都愿意使用弥尔顿催眠语言模式。

下面就来介绍神奇的弥尔顿催眠语言模式。

◎含糊语言

技巧性含糊会让你的陈述听起来很具体，而且无论什么样的陈述都可以这样做。它的概括化让你可以不需要了解听者具体的体验也能进行催眠指导，简化了治疗师的工作。

技巧性含糊使用名词化、不明确动词，使句子变得高度概括，却不明确，没有特指，这使听者要理解话的意思，就要从自己的经验里搜索出最恰当的答案来填充。比如，我知道你渴望拥有真爱。“真爱”就是一个含糊的词，没有具体意思，听者只能以自己对“真爱”的理解去理解句子。再比如，一位无意成了第三者的女子，埋怨自己当初的“愚蠢”，却又不知怎样跟我诉说那段经历，我感觉到后，这样对她说：“我能感觉到你曾经历过一些不幸的事，你为此很懊悔，不愿面对它，同时，你也从中学习到了很多智慧，将帮你改变今天，创造不一样的明天。”这样一段话，是可以运用于任何人的，因为它本身并没有特定的意思，不同的人会有不同的解读。在本例中的女子，会无意识地认为“不幸的事”是指她欲言又止的事，而这正是你所需要的，**这就是技巧性含糊的神奇之处，既保护了对方隐私，又让治疗师的工作能顺利开展。**

这个模式不但可以运用于催眠，在你与人沟通时，它也会让你的朋友认为，你是一个懂他的知音，虽然可能你什么都不知道。

◎假设前提

你一定对这句话不陌生吧，“你是在这里吃还是打包？”当你走进一家快餐店时，服务员这样问你，这就是假设前提中的双刃式。服务员给你两个选择，但不管你怎么选，前提是假定你一定会在她店里消费，在店里吃也好，打包也罢。

假设前提是语言模式里最有威力的，基本结构是：提出一个假设，并把它套在一个或多个常规陈述里，听者常会急于去理解或解答

常规陈述，无意间也承认了假设是真的。比如你为了增加和女朋友的感情，这样和她说：“在我们摆婚宴时，请个摄像师全程拍下来，等孩子大了可以放给他看，你认为怎么样？”“你想我们去海边还是公园拍婚纱照？”这两句都有一个假设前提“我们将会结婚”成立。

（1）时间附属句

这种句子常以下面类似的词开头，比如：之前、之后、在……期间、当、自从、优先、正在等。

“在你减肥成功前，真的要把现在的样子拍下来激励自己吗？”这句话把注意力转移到是否要拍照片，而假设减肥会成功。

“当你把房间打扫干净时，要是在书桌上摆一盆植物，会让房间增色不少。”这句话假设你会把房间打扫干净。

（2）数字顺序

在句子中使用像另一个、首先、第一、第二、第三等，暗示顺序。

“你可以猜猜看你的左手还是右手先开始放松。”这句话假设左右手都会放松，不同的是哪只手先放松。

（3）双刃式

这种句子通常会用“或”或同义的结构，在多个选项里，通常至少一个会发生。

“我不知道你是现在还是吃完午饭后做出决定。”“你可以选择现金支付或支票支付。”前者假设一定会做出决定，只是现在或吃完午饭后；后者假设一定会购买，只是选择哪种支付方式。

（4）副词和形容词

在一句话里，通常使用这类词汇做假设。

“你进入了深层催眠状态吗？”这句话假设你进入了催眠状态，只是处于深还是浅的问题。

“你想知道自己将要买的这件衣服的设计师是谁吗？”这句话假设你将要买这件衣服，不同的是你是否想知道设计师是谁。

（5）时间动词和副词的变化

这种句子常会使用如开始、结束、停止、继续、进行、已经、尚、还是、再等词汇。

“你还是那么喜欢打电脑游戏吗？”这句话假设你以前喜欢打电脑游戏，不同的是你现在是否还喜欢。

“你不必在意自己什么时候停止放松。”这句话假设你已经在放松的状态，同时提示不必在意何时停止。

◎**嵌入暗示**

嵌入暗示就是先找出要传达的暗示，然后将它嵌入大的语言情境中。因为暗示分散在句子里，可以绕过意识认知，又足以影响无意识起作用，是做间接沟通最简单且最有力的方法之一。运用时要注意转换音速、音量、声音强度，或改变身体姿势和脸部表情等非言语，来配合你的嵌入暗示，才会更有效。

（1）直接嵌套

“我不知道你要多久开始进入催眠。”

“小张，你可以用自己的办法放松身体。”

（2）委婉迂回

用更加委婉迂回的方式，将受术者的注意力转向其他的时间、地点或人。

“小强一坐下来，就感觉全身开始放松。”

“太阳落山后，村庄很快也进入了梦乡，周围一片寂静，让人感觉很放松、很平静。”

（3）直接引用

直接引用他人的原话，并不一定真发生过，只是一种间接的方法，目的是暗示。

一个朋友曾告诉我："应该充分信任无意识，它能帮助自己解决遇到的问题。"

小徐转过头，说："我知道是时候放下过去所遭受的痛苦，过好当下生活了。"

（4）高度概括化

每个人都有自己的风格来放松和让无意识自由、催眠性地回应。

细微身体线索观察技能

每次催眠都像是一次新的旅程，即使你骑自行车的技术很高超，可道路是不同的，不可能完全按预设的模式来进行，催眠也是一样，每个求助者都是独特的生命个体，即使是同一个人，他也是时刻变化的。引导是否取得了效果？什么时候进行下一步？要做怎样的调整？什么时候该调整？这和做许多事一样，你需要一个及时的反馈或情报系统，也就是本节将要讲的细微身体线索观察技能。有了及时的信息反馈，才能控制工作，不至于迷失。

在一个叫《非常了得》的综艺节目中，有一位心理老师会展示微表情技术，所谓微表情也就是细微身体线索，因为除了面部表情外，整个身体的细微变化都包含其中，所以叫细微身体线索会更准确。

我们知道，当一个人恐惧时，心跳会加快；当一个人焦虑时，呼吸会变得急促，瞳孔开始放大；当一个人难过时，嘴角会往下拉；当一个人遇到难题时，会皱眉头等。身体上这些细微变化是意念动力过程的结果，并且身体的这些变化完全是无意识的，即使一个人可以有意地控制少量线索，比如眼球的转动方向、面部表情，**但大部分细微身体线索是无法控制的，换句话说，细微身体线索真实反映着一个人情绪状态的变化。**

所以，**细微身体线索观察技能，是催眠师必须掌握的一项技能，否则就无法进行催眠进度控制和调整。**

从附录的表格中，可以看到细微身体线索主要包含哪些。

要掌握这项技能并不是件容易的事，需要大量练习。开始学习捕捉细微身体线索时会很难，练习时可以选择1~2个线索进行观察，逐渐再增加，比如可以坐在咖啡厅或公园里静静观察他人身体线索的变化。先调整自己，放松下来，这样会增强你的观察能力。

练习时，请停止你的意识心理（内心对话），而当你观察到细微身体线索时，请勿马上对它进行解读，否则不但会中断观察的连续性，还会因为脱离情境的解读而产生误判。你需要把这项技能完全变成无意识行为，你才能做更多的事。

当细微身体线索观察能力提高时，可以扩大观察范围，此时通常会把视线定在被观察者前面约30厘米的地方，会更有效地扩大视野。

在观察细微身体线索时，需要特别注意一点，你的观察要自然一点，接近于正常社交情境最好，但不要完全注意另一个人，他可能会感到被冒犯，引起紧张甚至敌意。

经常有人问，脸红代表害羞吗？眼球往右上角看代表说谎吗？当被问到类似的问题时，我就会反问他："流泪一定代表伤心吗？感动或非常开心时，也可能会流泪。"当一个人回忆起被打耳光的伤心体验时，也可能会脸红；眼球往右上角看，也可能是他在想要怎样表达清楚一件事。某个细微身体线索在这个人身上代表一个意思，可能在另一个人身上代表另一个意思，这是很常见的，**解读要依据具体的情境，如果脱离情境解读细微身体线索，那就容易误判。**

没有现成的标准，要怎么办呢？

我的经验是，**既然细微身体线索是意念动力过程的结果，是无意识产生的，那解读就交给我们的无意识来处理，这样会更准解，**更重要的是，可以节省我们的注意力。所以，我就只观察，而不试图去解读任何线索，信任并等待无意识给出回应（也就是直觉），开始时，准确率没那么高，而随着练习的增多，就会越来越准确。

受术者催眠状态解读和评估

相信大家都见过发呆或想事入神的人吧，在咖啡厅、地铁上、公交车上和电梯里常可看到这种现象，有坐公交车坐过头的，搭电梯下错楼层的。**发呆、入神的状态，就是催眠状态。**留意一下就会发现，在这种状态下的人们，会出现语言减少、不喜欢走来走去、面部表情松弛等。

接下来，就来介绍进入催眠状态时，细微身体线索会有什么样的变化，这样你就知道受术者什么时候进入催眠，是否有苏醒迹象，引导是否取得了效果等。

催眠的常见行为信号有以下几种。

①睁着眼时，眨眼反射减少或消失、眼皮跳动、眼睛凝视、瞳孔放大、眼睛追踪外物减少（眼球转动减少）、自发闭眼。

②没有身体动作。

③言语抑制。

④肌肉放松。

⑤呼吸变成腹式呼吸，更慢、更有节奏。

⑥脉搏减慢。

⑦心跳减慢。

⑧脸部肌肉（尤其是脸颊）平滑（变平）。

⑨定向反应（更亮——表明进入更深的状态；更红——说明更深的肌肉放松）。

⑩反应时间延长（如在说话或移动过程中）。

⑪自发的意念运动行为（如手指颤动、手部抬起、眼皮跳动）。

从上面的介绍可以看到进入催眠状态的常见行为信号，你可以根据这些信号来判断，但你仍然要明白一点，虽然大部分人进入催眠时会出现上述的大部分信号，可仍然存在个体差别，也并不是某个信号一定会出现的。比如在人际互动催眠中，受术者就不一定需要闭上眼睛，很多时候应治疗的需要，受术者也会说话，在一些特殊情况下，受术者也可以有动作（一般是重复的规律性动作）。

这些行为信号，同样也可用于判断催眠的苏醒。例如：当受术者在催眠中有苏醒迹象时，可能会有以下信号，如吞咽、睁眼、自发地讲话、身体运动、皱眉、定向反应等，此时无须慌张或失望，接纳和利用它就好，先停止深度催眠的工作，转向诱导工作，待受术者再次回到你所需的催眠深度时，再进行你的治疗工作即可。

除此之外，作为治疗师还要学会监测受术者的情绪状态（紧张、放松、焦虑、悲伤等），特别是情绪的强度，例如，你诱导时用的是海边的情境，当受术者出现紧张、恐惧的情绪时，你就需要考虑受术者是否有过溺水的经历，还是海边和他某种特定情结有联系，可以考虑中止诱导，询问情况，或更换诱导情境。了解情绪状态也并不总是需要知道准确细节，一般来说，判断哪种情绪是不愉快、愉快还是中性，就可以了。如不愉快时，出现呼吸中断、脸红、肌肉紧张、流泪、脸的左右两边不对称等；愉快的情绪则常伴随吸呼越来越放松和平稳、轻叹、微笑、“看上去很满足”、左右脸对称、脸肌平缓等。

言语跟随和引导技能

下面要介绍的这种增进沟通效果的技能，即使你不想成为职业的催眠师，运用于你的人际、感情和子女教育等，也将会为你带来奇妙的效果，让你的工作和生活变得更轻松，它就是言语跟随和引导技能。

接触过NLP课程的朋友，都知道NLP有“先跟后带话语术”，言语跟随和引导与之既有共同点又有区别。

我们先来了解两种陈述方式。

◎跟随式陈述

简单地描述观察到的求助者行为，或外界现实情况，或其他既定现实，比如：此刻你正在看这本书，这种无可否认的现实，设置为

“是”的反应模式，通常以“X”表示。

◎引导式陈述

你想引导求助者关注、发展、建言等方向的陈述，比如：你可以放松自己；你可以过自己的生活。是你想引导对方放松，提示对方可以拥有自己的生活方式。通常以“Y”表示。

接下来介绍三种言语结构。

◎“X和X和X和X和Y”

例如：你正在顺畅地呼吸，在看这本书，我们在通过书本交流，你在学习言语跟随和引导技能，你可以学着运用于改善自己的生活。先4个跟随式陈述，连接1个引导式陈述。

◎较为分离的形式，如“X或X或X或X但是Y”

例如：学习催眠，我不知你是否要成为职业催眠师，或许只是好奇，或许只是兴趣，或仅是想提升自己，但只要尝试运用于生活，将会让你的生活变得更有乐趣。

◎因果式，一般有：既然X，那么Y；X的同时，产生Y；当X时，Y；在X之后，Y

例如：既然选择了学习，那么何不好好学；在你感觉到进步的同时，会感到开心；当读完本篇时，你会比一般人更懂得沟通；在决定放下过去的伤痛之后，会勇敢地面对自己的未来。

对于X，即跟随式陈述，只要不会让沟通对象不适宜或对其造成冒犯，是不可否认的现实，那内容并不重要。通常采用你观察到的，日常生活情境普遍存在的、无刺激的话题，总是不会错的。

即使再好的言语引导，也要和你的非言语保持一致，才能产生预期的效果，求助者一般不愿意或难以对那些紧张、控制、冷漠、做作、没有说服力等的人做出催眠回应，所以，在运用言语跟随和引导技能时，跟随式陈述宜以外部陈述为主，保持和求助者同步的节奏，用意味深长且有吸引力的方式表达，同时密切留意求助者的变化，以便灵活调整。

在确定要熟练地掌握一项技能时，你需要大量地练习，没有捷径可走。并不一定要在催眠时才可以练习，到处都是机会，在和朋友吃饭的同时，可以用来逗他；在恋爱之后，可以用来制造浪漫。

非言语跟随和带领技能

说起非言语跟随和带领，似乎概念性太强，如果举一个生活中的例子，你就会很快明白。例如：在高速公路上，当你开车追上一部车，然后与他保持同步，他开快点，你也跟上，他放慢一点时，你也放慢一点，这样与他并肩同步一段时间之后，你就会发现，当你开快一点时，对方也会不自觉地开快一点，而你放慢一点速度时，他也会放慢速度。

例子中的前半段，就是你非言语跟随对方，而后半段，则是你非言语带领。之所以你能带领对方，是因为通过非言语跟随，你们之间产生了契合现象（也可称为默契现象）。只要你足够留意周围的人，你就会发现非言语跟随产生的契合现象经常发生。

下面我们就来学习这项重要的技能。

首先，介绍一下非言语的一些基本要素：呼吸模式、说话速度、音调模式、音量、面部表情、身体动作、眨眼速度等。

非言语跟随有三种基本形式：完全跟随、部分跟随、部分间接跟随。

完全跟随是全频道的同等匹配跟随，这通常很难做到；部分跟随是选择部分要素进行同等匹配跟随，可能是相同的呼吸速度、说话速度，也可能是表现相同的面部表情等；部分间接跟随是选择部分要素进行不同频道的跟随，比如说话速度和对方呼吸节奏同步，每当对方眨眼时，就微微地点头。部分间接跟随较为复杂，每次选择1~2个要素跟随为宜，它间接性决定，很适合敏感的求助者。

接下来，谈谈运用时需要注意的地方。

非言语是无意识的直接表现，因此，可以认为非言语跟随比言语跟随更为重要，缺少非言语跟随的言语跟随，求助者会不愿或不能完全信任和合作。

非言语跟随和带领是一个逐渐推进的过程，带领基于跟随，过程并不会总是随治疗师的意愿发展的，因此，需要保护一份敏感，当出现不和谐信号（比如当感觉到对方有些别扭或其他信号时），这表明需要做出调整。调整是经常的，也是正常的，只要保持真诚，及时做出调整，不会对求助者发出的不和谐信号表现出心烦，他就不会真的生气或烦躁。

使用此项技术时，要承认和尊重求助者的独立性，不要显得操控性过强，或看上去内疚、歉疚，否则会产生“阻抗”，**跟随不是为了控制求助者，而是为了更好地成为他的助手，发展出默契的信任和合作关系。**

另外，使用非言语跟随和带领技能时，要放松且专注，与平时拿筷子吃饭这项技能一样，轻松自在，是无意识的动作，而不是在操作一套工作流程，不然，求助者会感觉你是在做某件事情，而不是和他一起合作探索，他成了局外人，就不会有效果。

完全或部分跟随和带领时，不要过于明显，比如身体姿势、模仿音质等，当发现求助者不适应或警觉时，宜调整为更间接的部分间接跟随和带领。

大部分情况下，非言语的跟随和引导，会渐进地、有节奏地、非线性地向预期状态发展，如非言语跟随和引导没有产生预期效果，请检查：第一，在跟随之后，并点缀着足够的跟随；第二，是否与求助者当前的体验、价值观、信念、能力等相符合。通俗点说，你不可以让求助者做他没准备好或不愿意做的事。

催眠控制和调整的整体协调

前面我们介绍了发声技能、怎样选择催眠语言风格、细微身体线索观察技能和催眠状态解读，那么怎样把这些综合起来，进行整个催眠控制和调整呢？

下面我们就来介绍怎样完成整个催眠控制和调整。

首先，当求助者来到催眠室，在还没有进行催眠引导时，你们会进行一些沟通，以进一步了解他的一些情况。开始沟通时，在语速、语调上你要跟上对方，形成契和，然后再慢慢放慢你的语速，用平和的语调。这时你要注意的是，对方是否跟上你，如果你的引领没有产生效果，那说明你和求助者之前还没有建立足够的契合，你可以回去重新发展契合。

在沟通的过程中，你可以通过对方的语言用词和身体线索等，判断出对方的常用内感官类型，并以此调整沟通语言风格。但不必马上坚信自己的判断，你可以对自己的判断做一些试探，如果确实有效，那再继续。

在你开始催眠引导时，密切观察对方的细微身体变化，当他对你的引导起作用，出现催眠行为信号时，就继续进一步引导；如果没有出现催眠行为信号或停滞不前时，你就需要引起注意，反思引导是否出现了问题，并及时做出调整。

因为进入催眠状态的人会变得不爱说话，所以你还必须建立一个信号反馈系统，这在你治疗和无法从细微身体线索获得所需要的信息而迷失方向时，显得特别重要。怎么建立这样一个系统呢？常用的方法是，在引导进入浅催眠状态时，可以这样说："当我从5倒数到1时，请给我一个信号，轻轻地动一下你的右手食指……"当受术者按你的要求给你回应，这就是你们约定的信号。**要注意的是，你要学会判断这个信号是由意识发出，还是无意识发出的，无意识发出的信号通常会颤动或抽动。**

引导和治疗中，另一点你要特别留意，那就是对方的情绪变化，除非你真的清楚发生了什么，出现的情绪你能控制，并且这是治疗工作的需要，否则，不要任之发展，请及时处理，并调整自己的治疗。当然，任何时候问题的出现都不是问题，不必慌张，正常处理和调整即可，要知道，问题的出现同时也是治疗的契机。

Chapter6

催眠术的日常应用

如何运用催眠增进你和爱人的感情

催眠不仅能应用于心理治疗，还可以应用于改善生活的很多方面，且效果非常不错，本章起我们就来介绍催眠在生活其他方面的应用。

本节先介绍催眠在感情中的运用，但这毕竟是技巧性的，所以还是应以真诚为出发点，偶尔使用效果才会更好。

◎增进感情

同是生活在今天竞争激烈的社会，大家工作、生活压力都很大，时间长了，许多人都感觉身心疲惫，需要适时地减压。当对方感觉累了时，假如你能运用催眠帮助对方放松身心，TA会感觉更幸福。

你可以在家里放置一张舒服的躺椅，让对方躺下来，播放一些让人容易放松的大自然音乐，然后引导TA进入容易身心放松、舒服的情境，比如海边、草原、寂静的山林、宁静的乡村等，如果选择海边，你先得确认对方没有溺水的经历。

前一章里，我们介绍了弥尔顿语言模式，这些模式非常好用，像含糊语言非常适合用于你们平时的沟通，它会让对方感觉你很懂TA，使TA愿意更多地和你分享心里的想法，并且你很少会出错；而像假设前提，在你追求对方或想求婚时，对进一步拉近彼此的心，是非常有用的。

首先你要找一个对方感兴趣、好奇、吸引人的话题，然后再把你想引导的假设嵌入这个话题中，这样对方才会被那感兴趣的话题吸引，和你聊这个话题，而无意识地默许或认可了你的假设。否则，对方不想和你聊，甚至可能识破你的假设。另一点要注意的，就是要在对方较放松的时候沟通，如果对方在忙工作，那就不合适。

比如，你是男的，对方喜欢旅游，那可以选一个旅游中很欢乐、浪漫、幽默的场景作为话题，把你们将会结婚这个假设嵌入话题中。可以这样对她说：“小猪，我决定了，到时我们去马尔代夫度蜜月，并释放我们的爱情漂流瓶，让大海见证我们的爱……”当你们在讨论蜜月的事时，她心里已不自觉认可了你们会结婚的前提，这让你们爱得更深。

此外，催眠引导技巧，还可以用来营造浪漫氛围。

◎**感情维护**

在感情生活中，误会或犯错总是难以避免的，很多情况并没有到不可挽回的地步，但遗憾的是，不少朋友因为不会处理和化解感情危机，最终分手了。也有些人采取无条件退让、哀求等损害自尊的做法来挽回感情，缺少了起码的相互尊重，结果往往是埋下更大的隐患。

接下来，就介绍怎么运用催眠方面的一些技巧，来化解感情危机。

首先，并不是所有感情危机都可以或都需要去化解，如果是穿透底线的错误，与其化解危机，不如反省。化解危机是为了增进了解、改变错误，而不是让自己陷入更深的伤害。

许多人会有这样的感觉，当感情危机出现，尝试沟通、解释讲道理，效果并不理想。确实这样，因为感情是感性的，而解释讲道理是理性的，所以即使对方理性谅解，而心里的“结”仍难以释怀。现在，你可以用催眠中的讲故事、隐喻、含糊语言等尝试看看，我介绍给很多朋友使用，效果都很不错。

你可以尝试这样去和她沟通：“亲爱的，我知道我们的感情出现了问题，你现在很伤心，因为我的做法超出了你的预期，所以你心里很不好受，在想是否还要继续。这几天我一直在反思，通过这件事，我明白了要经营好感情并不容易，要先做好自己，还要懂得珍惜。我不知道你是否会原谅我，我只是在想一个问题，当咱们家的狗狗生病感冒时，是要抛弃它，再买一条新的狗狗，还是给它治疗，让它康复？现在我们的爱情也一样，生病了，因此就要抛弃我们这么多年的爱情吗？不，我们需要给爱情治疗……”

前段真实地陈述了现状，这是很重要的，甚至比说10句“对不起”更有效，因为真实陈述，对方才能感觉到真诚的“道歉”，其中的一些词可以根据你的实际情况调整。这里还用了大量的含糊语言，比如“问题”“明白”“不好受”和“继续”等，在陈述对方的情绪时，第一个词用真实状态“伤心”，后面则用含糊一点、轻一点的“不好受”“不开心”等，对帮助对方平复情绪会有好处。紧接着用了一个非常通俗易懂的比喻，狗狗感冒生病了是否要因此抛弃它，答案是否定的，所以当引出爱情生病了时，前面的答案引导了对方获得对爱情的答案。同时，这里特别用了“抛弃”这个词，那是为了激起对方的内疚感，一旦她选择放弃，即意味着她成了一个无情的角色。另一点也是很重要的，后面没有再谈具体的问题，而是上升到了“爱情”的角度，因为爱情是远远比某件事大的，这会无意间给人一种感觉，为了某件事而放弃整个爱情，那是得不偿失的。

催眠与创意创新

我们听过太多类似的故事，某人很努力地工作，希望工作能取得突破，为此绞尽脑汁，可就是差那么一点点，没有办法，只好暂时放下手中的工作。然而，就在他们放松地洗澡、出去散散步或睡觉做梦时，灵感突然涌现，从而取得了突破。

现在来介绍灵感、创意产生的条件，及怎样运用催眠帮助我们激发灵感和创意。

我们都知道，人的大脑可以分为左脑和右脑，左脑负责语言、计算、逻辑思考等，通常说某人很聪明，指的是他的左脑很发达，同时左脑也代表理性和意识；右脑负责记忆、图像、生命维持、情绪感觉和信念系统等，通常说某人有智慧、情商高，指的是他的右脑很发达，同时右脑也代表感性和潜意识。

由此知道，灵感和创意来源于潜意识，即人的右脑。

我们常说，每个人都拥有足够的智慧，能解决在生活中遇到的所有问题。科学家提出，人类只使用了大脑的百分之十。换句话来说，每个人都是很智慧、很有创意的，问题是大多数时候智慧都没用上，因为自我桎梏把智慧隔离了起来，让我们难以接近它。

前面章节中，谈到处于自我贬低状态的人，强烈、无节奏、强硬的情绪，就会造成这种隔离现象。这里进一步分析，首先，我们假定积极、动力等是理性情绪，而消极、气馁等是感性情绪，**当代表聪明的左脑和代表智慧的右脑之间，沟通渠道越宽，这个人就越能获得智慧，智慧也能应用于建设自己的人生**。而当一个人理性情绪占主导时，理性情绪就会阻塞左右脑的沟通渠道，让你无法获得智慧，且理性情绪越强烈，阻塞就越大。同时，当一个人感性情绪占主导时，感性情绪同样会阻塞左右脑的沟通渠道，智慧将无法通过理性去实现，成为空想，且感性情绪越强烈，阻塞就越大。

所以，要想获得更多灵感、创意和智慧，最佳的状态就是放松，让自己的心情平静下来。当你的工作难以突破时，运用催眠进行自我引导，让自己的身心放松下来，进入浅催眠状态，然后等待灵感、创意和智慧出现。

同时，我们也留意到另一种普遍现象，儿童的创意和想象力比成年人要强很多；在德国、美国等欧美国家教育下成长的人，比中国教育下成长的人普遍更富有创新能力，为什么会这样呢？那是因为个人的信念限制了自己，假如人类认为不可能在天上飞，就不会有飞机的发明；假如人类认为声音不可能传到千里之外，也不会有电话的发明，中国家长和老师习惯于教育学生遵从、遵守规矩，灌输很多错对观念，所以抹杀了学生的创新能力。

在这点上，**你可以通过自察或请朋友帮助你，找出限制自己的信念，然后用催眠拓宽自己的信念，从而把自己从自我桎梏中解放出来。**

催眠式沟通让教育孩子更轻松

孩子教育是一个非常大的课题，这里仅介绍催眠在亲子沟通中的运用。

中国家长普遍认为听话的是好孩子，不听话的是“坏孩子”。许多家长认为在亲子教育中最困扰自己的是：孩子不听话。面对孩子不听话，不少家长要么是管不了，只能无奈，要么会采用打骂、惩罚等方法让孩子服从。

做中国家长是最苦的，为了给孩子创造良好的成长条件，辛勤地工作、牺牲自己的生活等。俗话说，一分耕耘一分收获，然而遗憾的是，自己努力地付出，孩子却似乎并不买账，喜欢和家长拧着干。在孩子长大成年后，听话的孩子普遍情商不高、抗压能力差、心理素质差、创新能力差，反而是那些以前让人看不上眼、不听话的“坏孩子”，成年后情商很高、创新能力强，事业发展得很好。

为什么会这样？

从孩子发展的角度来看，听话和顺从意味着要放弃自己的判断和主见，慢慢地，孩子会无意识地认为自己不能有看法、自己的看法是不重要的、自己的看法是错误的等，这是很可怕的。从发展心理学来讲，孩子的心智成长总会进入一个叛逆期，这是健康的、正常的，因为孩子在尝试扔掉父母这根“拐杖”，用自己的能力和判断去解决遇到的问题，这有利于培养孩子的自信，做家长的需要支持孩子才对。

那么怎样运用催眠，轻松实现亲子沟通呢？

首先，催眠师必须具备基本的素质，这样你的辅导对象才能接纳你，形成契合，建立同盟关系。在亲子教育和沟通中也是一样的，从家长这个角色上走下来或蹲下来，让孩子自己成长，尊重他的意见和体验，仅做成长路上支持他的朋友。

其次，**在亲子教育和沟通中，少给孩子讲道理，特别是在他12岁以前，孩子听不懂，只会认为是命令。**所以，假如你要培养孩子最基本的礼貌，让他懂得相互尊重等，给他讲故事是最好的方式，不必一定是故事书上有的，前面曾介绍过怎么组织催眠故事，你可以创造、拼接一些适合你要表达内容的故事，让他在故事中体验不被尊重，他自然就学会相互尊重是多么重要了，就这么简单。

现代催眠在品牌建设和营销中的应用

品牌建设是一个系统工程，而其核心概括起来，是一种亚文化建设，它所蕴含的文化就是其灵魂和生命力。

不同的品牌，代表不同的文化，文化的综合就是品牌形象，就好比一个人给他人的印象、形象一样。有的品牌带给人们的印象是浪漫，有的是某种品位，有的是美好爱情，有的是品质，有的是时尚，有的是地位，有的是久远的回忆等，不同的品牌都会有自己的文化定位。

谈到品牌，总是和故事分不开，人们通过故事进一步认识品牌，感受其文化内涵，甚至形成心灵共鸣；而缺少故事的品牌，是没有生命力的，可以轻易被取代，一旦产品消失，品牌也就会随之崩溃，因为除了产品和赚钱，它没有留给人们更多的印象。当然，有些品牌自身有它的文化和内涵，然而经营者没有对品牌文化进行提炼，没有将品牌建设纳入自己的发展战略中，以致被埋没，比如：石龙火柴，虎头电池，五羊、永久、凤凰自行车等，它是陪伴我们这一代人成长的，我们对它有着很深的情感，它是那个久远时代的符号，是连接心灵和那逝去时代的桥梁。

催眠在品牌建设中的应用，主要是对品牌文化进行精雕细琢，在品牌故事包装中，加入催眠元素，让品牌文化能通过故事更直接地传达给消费者，让消费者更容易接受，并且在消费者心中建立饱满的、美好的、令人期待的向往。

讲得深入一点，我们知道任何一个故事，都可以用很多方式去表达它，所不同的是，有些方式表达出来，给人带来的是自我贬低，这时会是一个“坏形象”；而另一些方式表达出来，相同的故事，则给人带来的是自我提升，这时会是一个“好形象”。品牌建设正是需要一种能准确地通过故事传达品牌文化本来面目的表达方式，这也正是催眠的强项。

接下来，我们介绍催眠在营销中的应用。

催眠在营销中的应用现在已经很流行，简单说就是运用弥尔顿催眠语言模式，把成交指令嵌入销售中，来促成成交。比如：饭店“你是在这里吃还是打包”，就是使用了嵌入暗示的双刃式；服饰店“就买这件吧，我现在帮你包起来”，则是一种比较“野蛮”的直接下指令方式，对犹豫不决的客户会很有效，形成“被迫成交”。

因为效果很不错，很多人开始学习和运用催眠。但我并不赞同这样的催眠销售，因为从客户的反馈来看，事后许多客户都会有一种“被干涉”甚至“被骗”的感觉，所以这无异于杀鸡取卵。

我更推荐在进行催眠式销售的同时，给客户带去美好的享受或想象，比如服饰店：“你想想看，当你穿上这件漂亮的衣服，男朋友下班推开家门，看到清纯……”和前面方法不同的是，同样嵌入了假设，而更多的是运用催眠给客户创造了一个美好的、想象性的情境，如果客户不买，则意味着要被“夺去”美好，同样起到促进销售的作用。

Chapter7

利用催眠术完善自身

放松静心练习

本章将有针对性地提供催眠引导词，你可以熟悉流程后自我引导，或做成录音，通过听录音引导自己。所有引导词都是以自我催眠为假设，在看了本书，对催眠有一定了解的基础上编制的，可能不太适合用于引导他人进入催眠。

放松静心练习引导词

（说明：你需要一个独立的房间，找个有靠背的椅子挺直腰坐下，或躺下来，可以播放一些舒缓的大自然音乐，省略号表示稍停顿一会儿）

◎练习1

轻轻地闭上眼睛，做几个深呼吸，让自己稍稍平静下来……当你感觉到随着呼吸腹部在起伏变化时……可以留意一下……自己的臀部和椅子接触的感觉……然后，可以轻握你的双手，感觉一下手指间的触碰……

现在……请你用力握紧你的双手……好……使劲……握紧……5……4……3……2……1……放开你的双手，好好体会一下拳头放开时，双手放松的舒服感觉……

……

再来一次……请你用力握紧你的双手……好……使劲……握紧……5……4……3……2……1……放开你的双手，好好体会一下拳头放开时，那种放松的舒服感觉……

好，现在睁开眼睛，你已经体会身体放松时的舒服感觉了。

◎练习2

轻轻地闭上眼睛，当眼睛闭起来，人就会容易放松……感觉会变强，很容易感觉到，随着呼吸，腹部在起伏变化……那感觉很自然……听觉也会更敏锐，只要你留意一下，可以听到自己呼吸的声音……吸气……吐气……吸气……吐气……很好……就这样……这可以让你很容易放松……变得平静……

现在，做几个深呼吸……慢慢地深深地吸气……再慢慢地吐气……可以留意一下，吐气时，会像泄气的气球一样，身体很容易放松下来……同时……心里更平静……深深地吸气……慢慢地吐气……更放松……更平静……很好……就这样……

……

当睁开眼睛时，你将会发现自己很放松……很平静……同时头脑很清醒……好像做了一次充分的休息……好……慢慢睁开你的眼睛。

◎**练习3**

可以调整一下自己的姿势，当调整到最舒服的姿势时，请轻轻闭上眼睛，然后开始放松自己……

你已经知道，怎样通过做深呼吸来放松自己了……现在，给你几分钟时间，让你充分地放松自己……

……（2～5分钟）

好……现在……放松你的头部……放松你的脸部……让脸部的每块肌肉都放松下来……你会感觉更宁静……放松你的眼睛……放松你的下巴……当下巴放松下来，会感觉很轻松，心情很平静……很好……

放松你的脖子……放松你的肩膀……完全不用力气，完全地放松它……当肩膀放松下来……会感觉非常轻松……心情非常平静……很舒服……

放松你的双手……从肩膀……到每根手指……都完全放松……很好……放松你的背部……放松你的腹部……放松你的臀部……放松你的双脚……从臀部……到每根脚趾……放松每块肌肉……

……

接下来，我将会从5倒数到1，我每数一个数字，你都会更加放松，当数到1时，你将会完全放松自己，感觉非常轻松……非常舒服……同时愿意享受放松的感觉……

好……请留意听我数数……

5……检查一下自己的身体，哪里还可以更放松，让它放松下来……

4……你更加放松了，很轻松，很平静……

3……更多地放松你的身体……

2……很好……好好享受这轻松舒服的感觉……

1……你已经完全放松了……非常轻松……非常舒服……可以继续享受这轻松舒服的感觉……

……（5～10分钟）

好……又可以听到我的声音了……接下来，我将从3倒数到1，当我数到1的时候，你会完全清醒过来，因为得到了休息，醒来后，你会感觉很轻松，精神饱满，心情愉悦……请留意听我数数……

3……很轻松很舒服……

2……慢慢苏醒过来，可以动动手脚……

1……睁开眼睛，完全清醒过来，可以搓搓手脚，走动一下……

3个练习是由简单开始的，你可以逐个进行练习，先练习好一个，再练习下一个，你将会感觉到自己的进步，变得更有信心。

心灵减压，回归心灵平静

紧张高速的工作、生活节奏，让许多人都感觉心理压力越来越大，长久的积累，让负面能量越积越多，最后爆发出来。而近年越来越多猝死、自杀等悲剧，已经说明了这一点。

本节将介绍怎样通过催眠来进行心理减压，净化心灵，回归平静。

心理能量的释放，可以有多种方式，比如唱歌、跳舞等，而催眠减压更具有针对性，更重要的是，可以释放心灵深处被隐藏的负面能量，所以许多体验过催眠减压的朋友，都有“仿佛进行了一次长足旅行和休息，心灵经受了一次净化一般，醒来后精力充沛”的感觉。

心灵减压引导词

（建议你将引导词做成录音来引导自己，因为当你不小心进入较深的催眠状态，可能只会享受催眠给你带来的轻松和舒服，而遗忘了还要继续引导进行心灵减压工作；限于篇幅，催眠诱导部分，可以用前一节的练习3代替，只需把唤醒部分放在最后即可）

◎引导词1

……（插入诱导部分）

现在，请你想象一下，心理压力就像黑色的气体，聚集在你胸口的位置，我不知道你有多大的心理压力，有多少黑色的气体聚集于胸口，但我知道，心理压力让你感觉不舒服，甚至影响到生活和工作，所以你想释放这些压力，让心灵回归平静……轻松……

你可以体会一下，这股黑色的气体，聚集的心理压力，带给你怎样的不舒服……

好……接下来，我将会引导你，彻底地排除这股黑色的气体，当黑色气体全部排出体外时，你会回归平静……心情轻松……神清气爽……

接下来，我将会从3倒数到1，当数到1时，你会开始排放黑色气体，呼气时，黑色气体会随着呼吸排出体外，每排出去一些，你都会感觉心情更轻松一些……吸气时，新鲜的氧气会进入你的肺部，进入血液，输送到每一个细胞，让身体恢复活力……当黑色气体全部排出体外时，你会回归平静……心情非常轻松……神清气爽……

请留意听我数数……3……2……1……现在开始排放黑色气体，呼气时，黑色气体排出体外，每排出去一些，都会感觉心情更轻松一些……吸气时，新鲜的氧气进入肺部，进入血液，输送到每一个细胞，让身体恢复活力……

好……就这样……让黑色气体排出……享受心情越来越轻松……我会给你时间，让你来完成这个过程……直到所有黑色气体都排出后……你可以尽情地享受心情轻松的时光……请等候我的声音再次回来……

……（10～15分钟）

插入练习3中的唤醒部分（如果没有醒过来，而是转入自然睡眠，无须介意，这可能是你实在太累，想好好休息，睡到自然醒就可以了）

◎引导词2

……（插入诱导部分，并确认自己对大海没有恐惧）

接下来，我将会从3倒数到1，当数到1时，你会不知不觉地……来到一个美丽的海边沙滩上……你将会在这里度过一段轻松……自在……的美好时光……在这过程中，心里所有的烦恼和压力，也会得到彻底的释放，让你的心灵回归平静……心情轻松……神清气爽……

请留意听我数数……3……很放松……2……当数到1时，你会不知不觉地来到一个海边沙滩上……1……你不知不觉地来到了海边……这里风和日丽……放眼望去……湛蓝湛蓝的海水……一望无际……一直向前面延伸……直到在很远很远的地方……与天空交接在一起……在海风的吹拂下……翻起一道又一道起伏变化的海浪……每一道海浪都有它特有的形状……正朝你的方向滚滚而来……在阳光的照耀下……波光粼粼的海面非常美……就像许多的钻石在闪着光芒……或许……偶尔你还能发现几只海鸟在自由飞翔……让人感觉很美好……抬头看看天空……阳光照过来……有些刺眼……让人难以正常睁开眼睛……你可以拿起一只手……放在额头上挡住阳光……这样就能更好地……欣赏如碧玉般蔚蓝的天空……因为阳光的照耀……此时……相信你已感觉到了……阳光照在身上温暖极了……而双脚也一定感觉到了……被阳光照晒的沙子的温度……低头看看你踩在沙子上的双脚……感受一下脚与沙子接触的特别感觉……你可以随便地试着在沙滩上走几步看看……感受一下在沙滩行走……沙子给脚底按摩的感觉……再看看近处……一个海浪正好在海风的吹送下拍打沙滩……激起无数雪白的浪花……同时……空中的水珠……吹拂在你脸上……那种特有的湿润的感觉……让人感觉很清新……很舒服……而海水特有的味道相信你也一定感觉到了……现在，你可以试着随便走几步……到水里去……浸在海水里的双脚……一定也感觉到了冰凉冰凉的海水……去吧……自由地去玩吧……可以任意地玩……不管是对大海大声呼喊……还是在沙滩上自由地奔跑，这并不重要，重要的是，心里的压力会在玩的同时，彻底释放……感觉轻松……自在……

我会给你充足的时间……请等待我的声音再回来……

……（10～15分钟）

插入练习3中的唤醒部分。

身心统一，快速处理内在冲突和矛盾

当我们内心冲突或矛盾时，会感觉心里好像有两股或多股力量在争斗，互不认输，结果内在力量都花在“内耗”上，这时我们会很辛苦、很累、无力感很强。这种情况，其实是内在不同部分各抒已见，就像两个人看待一件事时，有不同的看法，大家都试图说服对方，而出发点都是好的。

这种情况的起源，是这个人在成长中产生的不同信念没有充分整合造成的。比如一个人从小接受的信念是一旦结婚了，就不能离婚，成年后，他又习得了每个人都有追求婚姻幸福的权利。在结婚前，这两个信念虽然相左，却各不相关，没有问题，因为在我们的潜意识中，是容许各种信念同时存在的，哪怕是对立的。而一旦婚后产生难以调和的问题，感到不幸福时，这两条相左的信念就会同时显现，矛盾和冲突就出现了。

而一旦主观意识试图去控制这种局面时，不管站在哪一方，都会导致矛盾和冲突的加剧。同时，信念从现实体验中习得，并和某种情绪建立了某种联结时，矛盾和冲突也会加剧。比如，一个人经历过背叛，女朋友抛弃了他，选择了一个富有的老男人，这让他非常失望、愤怒等，然后习得“女人都是只认金钱的”这条信念，那这条信念就和当时失望、愤怒等情绪建立了联结。

内心矛盾和冲突的情况，常见的有经常批评自己、责骂自己、对自己不满意等。

本节的内容，就是介绍怎样通过催眠来化解内在冲突和矛盾。

◎化解内在冲突和矛盾引导词

（化解内在冲突和矛盾需要你更多的参与，只需要比较浅的催眠状态即可，建议用录音进行）

……（插入诱导部分）

接下来，我将会从3倒数到1，当我数到1时，在你面前会出现一扇门，门通往一个奇妙的房间……

好……请留意听我数数……3……2……1……不知不觉地，在你面前出现了一扇门，现在，请打开门，走进去，你会看到发生矛盾和冲突的两个人，他们是过去的你自己，虽然我不知道他们长什么样，我只知道，他们的样子看起来，年龄并不相同……他们对同一件事持有不同的看法，相互表达自己的看法，且彼此都坚持自己的看法……

现在，请走向前去，跟他们打个招呼，然后跟着我，对他们说下面一段话……

请这样和他们说："你们好！你们是过去的我，我是成长后的你们，通过你们的努力学习和成长，才有了现在的我，谢谢你们……我知道，你们在一些事上有不同的看法，我今天回来，是来帮助你们的，因为我明白，不管你们的看法有多么不同，目的都是为了我好，希望我能过得好一些，不是吗？所以，我会尊重你们的看法，不会单纯地站在任何一方，也不会要求谁放弃自己的看法，因为这是你们经历的学习，是值得肯定的，我们现在需要做的，是一起来探讨，哪些情况适合这种看法，哪些情况适合另一种看法。"

你最了解他们，因为你们的心是相连的，所以现在，请你用自己的智慧来帮助他们，让他们平静下来，心平气和地……相互理解，相互尊重，达成共识……最后，让他们握手言和，拥抱对方……然后，感谢他们，并做告别，自然地睁开眼，就可以了……去吧，你有这个能力，他们需要你的帮助……

……（继续播放轻柔的音乐，直到自然醒来）

过程中注意要有一定的停顿，这是一个学习和探索的过程，不需要较深的催眠状态，当感觉到身体比较放松、心情比较平静就可以了。矛盾和冲突方的整合，不一定一次就能完成，如果一次没有完成，可以重复做几次，多次以后，你就会发现自己的状态产生了变化。

接纳和尊重，快速释怀负面情绪

在我们成长的路上，难免会遇到一些不如意的事，有些人从中成长，也有些人从中受伤；有些人选择尊重过去，于是接纳、放下和学习，并勇敢面对未来，也有些人选择抱怨，不愿接纳和放下，生活得很纠结。

例如一个人小时候犯了错而受到父母的责备，于是埋怨、痛恨自己，在生活中小心翼翼地，容不得自己犯一丁点的错，弄得精神高度紧张，没有把握的情况下，不敢接触新鲜事物。而在人际关系中，当看到他人犯错时，就会极度难受，无法容忍，仿佛看到了自己的影子，于是会不顾一切地提出批评、责备等，造成人际关系紧张。

上述就是一个不愿尊重、接纳和放下自己过去的例子，而产生的问题也是很明显的。类似的例子有很多，只是形式不同而已，本节就来介绍怎样通过催眠，尊重、接纳和放下自己的过去，释怀内心埋藏已久的负面情绪。

◎释怀负面情绪引导词

（本引导需要你更多地参与，只需要比较浅的催眠状态即可，过程中如有不适，请马上中止，调整到更浅一点的催眠状态即可，建议用录音进行）

……（插入诱导部分）

接下来，我将会从3倒数到1，当数到1时，你会不知不觉地……来到一座安全的……（“安全的”可强调）荒废古城……

请留意听我数数……3……很放松……2……很平静……1……不知不觉地……你来到一座安全的……荒废古城……低头看看双脚……你正站在那里……能感觉到脚和地面接触……抬头环视一下这座古城……你会发现……有些围墙已经倒塌……有些墙上长起了翠绿的草……残存的房子已经退去了当年的风姿……显得破落……你可以随便走走看看……看看脚下这片土地……深深地吸一口气，空气中仿佛还带着远古的味道……想想看……在这里，曾发生过无数的故事，爱、恨、情、仇……开心的、不开心的……都已远去……唯一永恒的是这片土地……我想你好好体会一下……这片土地的故事……能给自己带来什么样的领悟……再决定是否真的要尊重、接纳并放下不幸的过去……建设全新的生活……

我会给你充足的时间去体验，直到你自己愿意醒来，才需要睁开眼……

……（继续播放心灵音乐为佳，但无须再插入唤醒引导）

这是一个学习和探索的过程，不需要较深的催眠状态，当感觉到身体比较放松、心情比较平静就可以了。可重复多次进行，直到让你眼前一亮的领悟出现。

自信心重塑，开启内在智慧

大家都已经知道，自信来源于能力，所以，理论上来说，有能力的人就会自信，然而，实际上并不总是这样，因为可能受成长过程的伤害影响，一个人很有能力，却仍然自卑。今天我们就来介绍怎样通过催眠，帮助这部分读者重建自信心。

自信心重塑引导词

（本引导词可以在较深催眠状态下进行，建议用录音进行）

……（插入诱导部分）

接下来，我将会从3倒数到1，当数到1时，一个你认为很自信的人，会出现在你面前，我不知道会是谁，也不知道他长什么样，可以是你生活中的某个人，也可以是你想象出来的人，只要你认为他很有自信……是你喜欢的就可以了……

请留意听我数数……3……很放松……2……很平静……1……那个很自信的人出现在了你面前……可以好好看看他……他的每个眼神……每个动作……说的每句话……都充满着信心和力量……你希望能和他一样那么有自信……

现在……请你检查一下看看，假如他比你高大，那现在，在你吸气时会慢慢变高……直到能和他平视为止……

然后……请站在他旁边，保持脸朝同一个方向……接着，他将会去你平时想展现自信的地方，做你想做的事……请你陪伴在他左右……一起去体验自信地做这些事的美妙感觉……也许你不知道，每做完一件事，你都会感觉更自信、更有力量……这时，请深深地吸一口气，这份自信和力量会融入你的身体……让你变得更自信、更有力量……

我会给你足够的时间……请等待我的声音再次回来……

……（约10分钟）

好……又可以听到我的声音了……现在，请你横向走一步，你将会进入他的身体里……融为一体……你成为他……说话、做事……都和他一样拥有自信和力量……很好……请深吸一口气……让你们更彻底地融为一体……

……（1~2分钟）

插入练习3中的唤醒部分（如果没有醒过来，而是转入自然睡眠，无须介意，睡到自然醒就可以了）

心理阴影处理，降低伤害事件的影响

本催眠引导词仅适合于处理普通心理阴影，且在催眠引导前，你自己清楚需要处理哪些事。如果这些事情和强烈情绪紧密关联，则不适合使用本催眠引导词，请联系催眠师接受一对一的面对面催眠治疗，比如遭受强暴、经历暴力事件、经历地震海啸等。

心理阴影处理催眠引导词

（本引导词需要你更多地参与，只需要比较浅的催眠状态即可，过程中如有不适，请马上中止，调整到更浅一点的催眠状态即可，建议用录音进行）

……（插入诱导部分）

现在……请想象在你的面前有一台电视机……同时你也获得了一

个特殊的遥控器……不但可以调节电视画面，还能让电视移动位置……

现在……电视机启动了……正在播放给你造成影响的事情经过……我知道这件事让你心里不舒服……所以，请用手中的遥控器对电视画面进行调节……先把画面调得模糊一些……你是否感觉舒服一些？……如果画面是彩色的，那请调成黑白的……你是否感觉舒服一些？……再把画面调成老电影的形式……你是否感觉舒服一些？……再把电视的音量调小一些……直到音量让你感觉舒服……

现在，是否感觉比刚才舒服多了？……

接下来……请你把电视机调整到左下角的位置……再把电视机和你的距离调远……直到你感觉心里比较舒服……比较平静的地方……

好……现在……那些事情已经离你非常遥远了……也将慢慢地淡去……不再影响你……你可以轻松、平静、自在地生活和工作……请深深吸一口气，感受这轻松自在的生活吧……

……（约1分钟）

插入练习3中的唤醒部分（如果没有醒过来，而是转入自然睡眠，无须介意，睡到自然醒就可以了）

走出失恋阴霾，修复旧爱创伤

失恋是几乎每个人都会经历的事，所以大家都习以为常。但可能很多人不知道，失恋如果没处理好，可能会带来很多问题，在失恋初期，最直接的就是心里难受、痛苦，有些人会因此变得消沉、自暴自弃，甚至放弃自己；而在后期，可能会因为前段感情没有处理好，在心里留下阴影，影响到新的感情和婚姻。

所以，今天我们介绍怎样通过催眠，帮助你走出失恋的阴霾，修复旧爱伤害。

如果你是刚刚失恋，还处在很痛苦的阶段，建议你先做第一节中的练习1和2，让自己的情绪状态能稍微平静下来，再进行本节内容会更顺利。

在使用本催眠引导词之前，你还需要明白，只有当你真的决定要彻底放下过去的感情时，引导才会有效的，因为这意味着你需要承诺不再和对方有任何联系，否则，会因你们的联系而破坏效果。假如你还没下定决心，你需要自己冷静下来，好好考虑清楚再进行。

走出失恋阴霾催眠引导词

（本引导词需要你更多地参与，只需要比较浅的催眠状态即可，过程中，如情绪过于强烈，可以暂停，调整到更浅一点的催眠状态即可，而平常的哭泣、难受等是正常的，建议用录音进行）

……（插入诱导部分）

接下来，我将会从3倒数到1，当数到1时，他将会出现在你面前，请跟随我的引导步骤进行……

请留意听我数数……3……很放松……2……很平静……1……慢慢地……他出现在你的面前……看到这个曾经熟悉的他……我不知道你是什么样的感觉……但我知道你的心里并不平静……请尊重自己的真实感受……而不管是什么样……似乎已经并不重要了……因为他已经是过去……已经只是回忆……今天请他出来……只是为了和他做一个彻底的告别……

我知道可能你有些话想对他说……又或者有事需要做……我会给你一些时间……完成和他告别前，你想做的事……请等待我的声音再次回来……

……（10～15分钟）

好……又可以听到我的声音了……接下来……请跟随我……对他说下面一段话……我说一句，你也对他说一句（不需要发出声来，心里对他说即可）……

请跟着我说：“亲爱的……这是我最后一次这样叫你……因为你已不再是我的爱人……我们已经分手了……虽然我们曾经相爱……付出过真心……有开心……也有不开心……有欢笑……也有泪水……有感动……也有怨恨……有留恋……也有失望……不管是什么……都已经不再重要了……我的心太累了……不管舍不舍得……我们都必须停止……是时候将你彻底放下了……庆幸的是……一切都将成为过去……不会再回来……我将会踏上新的生活……去寻找属于自己的那份爱……所以，今天回来跟你说清楚……在此……祝福你……也请你祝福我……”

……（5～10分钟）

插入练习3中的唤醒部分（如果没有醒过来，而是转入自然睡眠，无须介意，睡到自然醒就可以了）

附录 重要的细微身体线索列表

身体语言线索	副语言线索	语言线索
◎眼睛(如目光接触/回避、眨眼速度、眼皮跳动、瞳孔放大、解读线索、注视/跟随移动、流泪、闪烁、眼肌抽动、睁大/半闭、紧紧地/温和地凝视) ◎脸颊（如变平、抽动、下颌绷紧、脸红、苍白、两边脸对称/不对称） ◎嘴唇（如颜色变化、大小变化、紧闭的唇、轻笑） ◎前额（如紧张/放松、皱眉、蹙额、眉毛上扬） ◎脖子（如绷紧、脉动明显、吞咽） ◎头部动作（如竖起耳朵、轻微生理性点头或摇晃、明显的有意点头或摇晃、催眠中低头至胸前、后仰/前倾） ◎肩膀（如紧张/放松、隆起、抬起） ◎手（如交叠、握紧/放松、抽动、静止/活动、神经质地拨弄） ◎身体肌肉（如紧张/放松） ◎身体姿势（如前倾/后靠、面向/转向、手臂交叠、躺着、笔直、拉伸） ◎呼吸模式（如规则/不规则、腹式呼吸/胸式呼吸、快/慢、中断、急促、叹息） ◎下身（如脚拍打、腿交叉）	◎音调（如刺耳的/柔和的、有鼻音的/有共鸣的、单调的/兴奋的、高的/低的、哀怨的、尖利的/愉快的、嘶哑的/哽咽的） ◎音速（如犹豫、停顿、加快/慢下来、快/慢） ◎话调模式（如单调的/变化的、有节奏的/无节奏的、规则的/不规则的、上升的/向下的） ◎音量（如响亮/柔和、增大/减小）	◎谓语（如视觉的、听觉的、动觉的、总体的、不明确的） ◎器官语言（如“如千斤重担压在我肩上”“刻骨铭心之痛”“那让我反胃”） ◎概念比喻（如“女人如衣服”“人生如梦”）